SINGER

Needle
Button
Needle
Button

我的缝纫机笔记

机缝完全上手100个关键技巧全解

叶慈慧　著

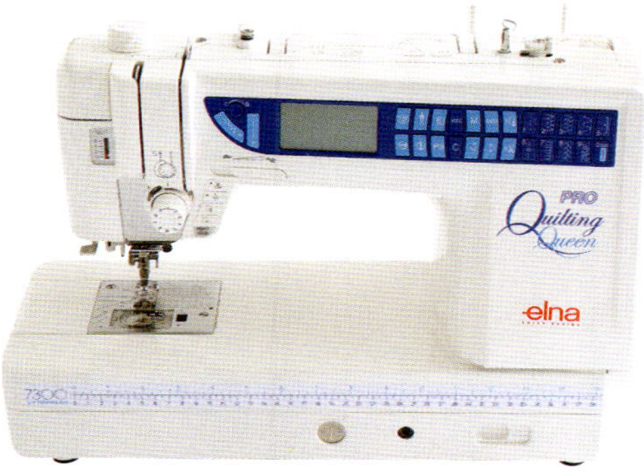

河南科学技术出版社
·郑州·

CONTENTS 目录

PART 1

首先，做好缝纫的各种准备

一定会用上的缝纫工具

工具你用对了吗

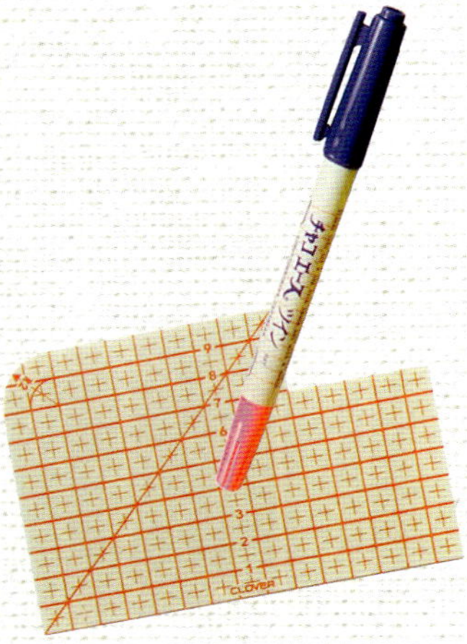

各种铆钉扣的做法

认识布料与针线

PART 2

操作缝纫机的第一步

从认识缝纫机开始

车缝前的准备动作

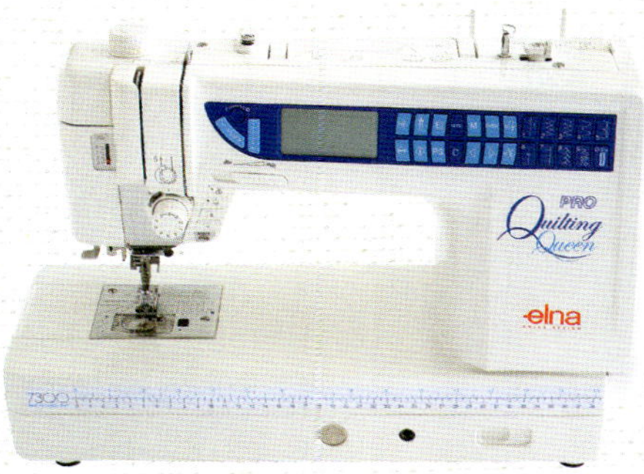

各种车缝方法

压布脚种类及应用

口袋的四种做法

常见问题及排除方法

PART 3

做出最想要的布作吧

da-ka-da-ka~

跟着我爱上缝纫机吧

过去的我曾经疯狂迷恋手缝拼布，很享受手作时光的片刻宁静，每当心无旁骛地缝缀时，不仅思绪沉淀了，手上也同时成就了美妙布作，那时我总是喜欢向更繁复、更艰难的作品挑战，渴望那些追求不完的惊叹设计与美丽。

但这两三年来，心境上的转变，对于拼布的想法也逐渐有所改变，如同我常说："安定的生活不是我追求的人生目标。"因此，总是不断在一成不变的生活中寻找各种可能的有趣变化，拼布创作的方向，也渐渐远离以往讲究浩大繁复的作品，反而尝试着逆向操作，走回轻松简单的手作，希望能以更加贴近生活的方式来看待拼布艺术。

在这转变的过程中，我发现了缝纫机迷人的多变性，它可以是单一规矩的用法，也可用轻松活泼的想法来操作，当然更有热情随性的精彩表现；踩着缝纫机，布料在手中转眼间有了新面貌，这种御风而行的畅快感，是前所未有的愉快体验。在缝纫机da-ka-da-ka的奔放声中，源源不绝的想法和创意，总是不经意地涌现，Oh yeah！我的手作热情就这样再度被引爆。

如果你真的好喜欢缝纫，但对手缝倦怠了，或者你是忙碌的上班族无暇手缝，不妨就跟着这本书，重新认识缝纫机的美妙之处，一定能帮你快速找回缝纫的乐趣，最想与大家分享的，也就是这般"爱上缝纫机"的美好心情！

叶惠慧

FIL DE LA
BONNE LAINE
BONNE LAINE
BONNE LAINE
LAINE
LAINE
FIL DE LA

PART 1

首先，做好缝纫的各种准备

各种好用的缝纫工具，将能帮助你制作更上手，

选对适合布料及铆钉配件，

则是让布作更有型的关键喔！

- 一定会用上的缝纫工具
- 工具你用对了吗
- 各种铆钉扣的做法
- 认识布料与针线

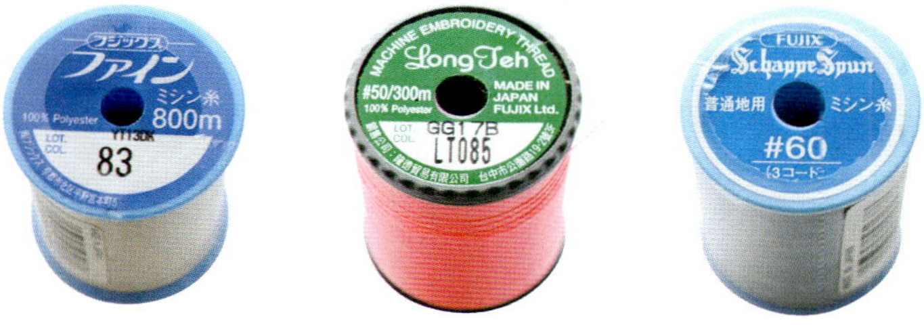

一定会用上的缝纫工具

各种缝纫工具都有其适合的使用方式，用对了，制作就能更便利。
先来认识这些缝纫好帮手吧。

◆裁剪工具

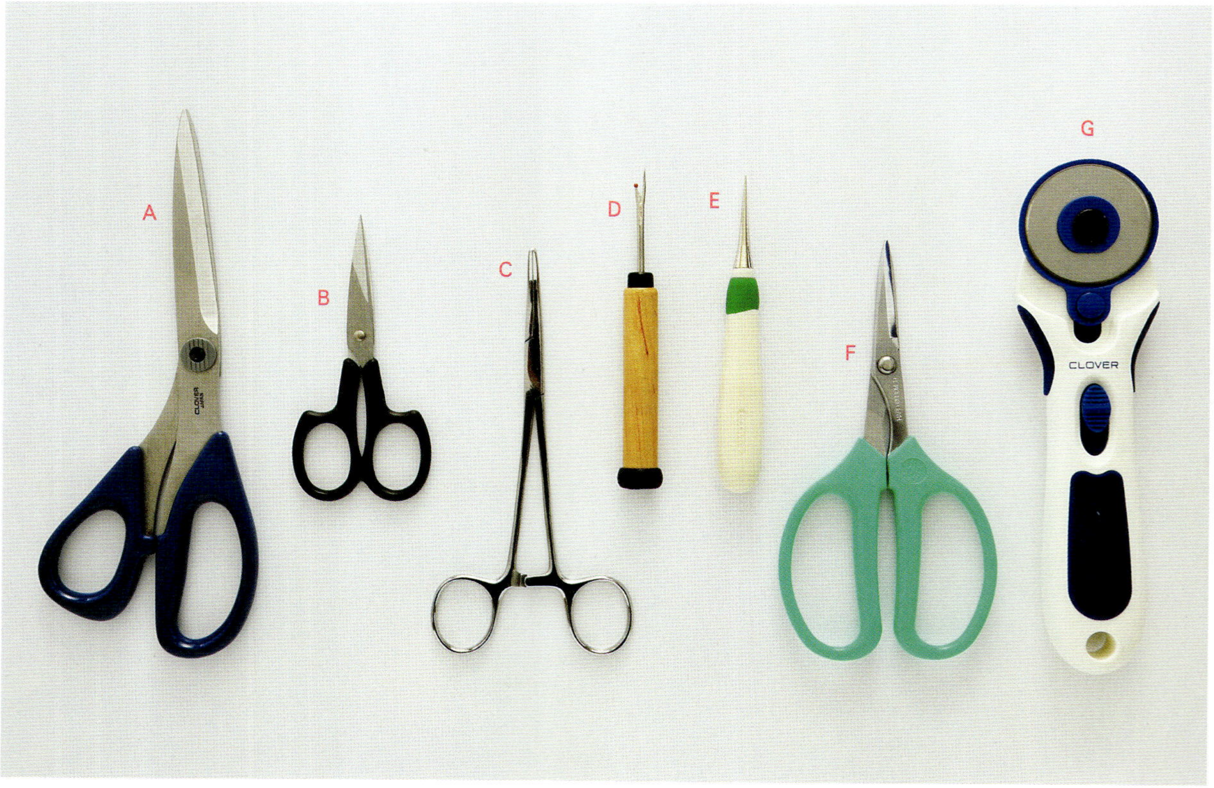

A. **布剪**　适合裁剪大小布块，且细齿刀口可以固定裁剪布料的拼布专用剪刀。
B. **线剪**　小巧便利适合剪线，也适合做牙口及其他细部的修剪。
C. **返里钳**　用来将袋物或绳子翻面，咬布但不伤布，弯曲圆滑的刀口易于推出袋物的角。
D. **拆线刀**　保护端点处理，不怕刺伤布，拆线及开扣眼都很方便。
E. **锥子**　可作为打洞工具；制作袋物时，便于将四边的角挑起。
F. **剪刀**　短刃设计，便于裁剪皮革、胶板或厚纸板。
G. **滚刀**　适合布、铺棉、纸及各种柔软材质的大面积切割。

◆描绘尺寸、记号用工具

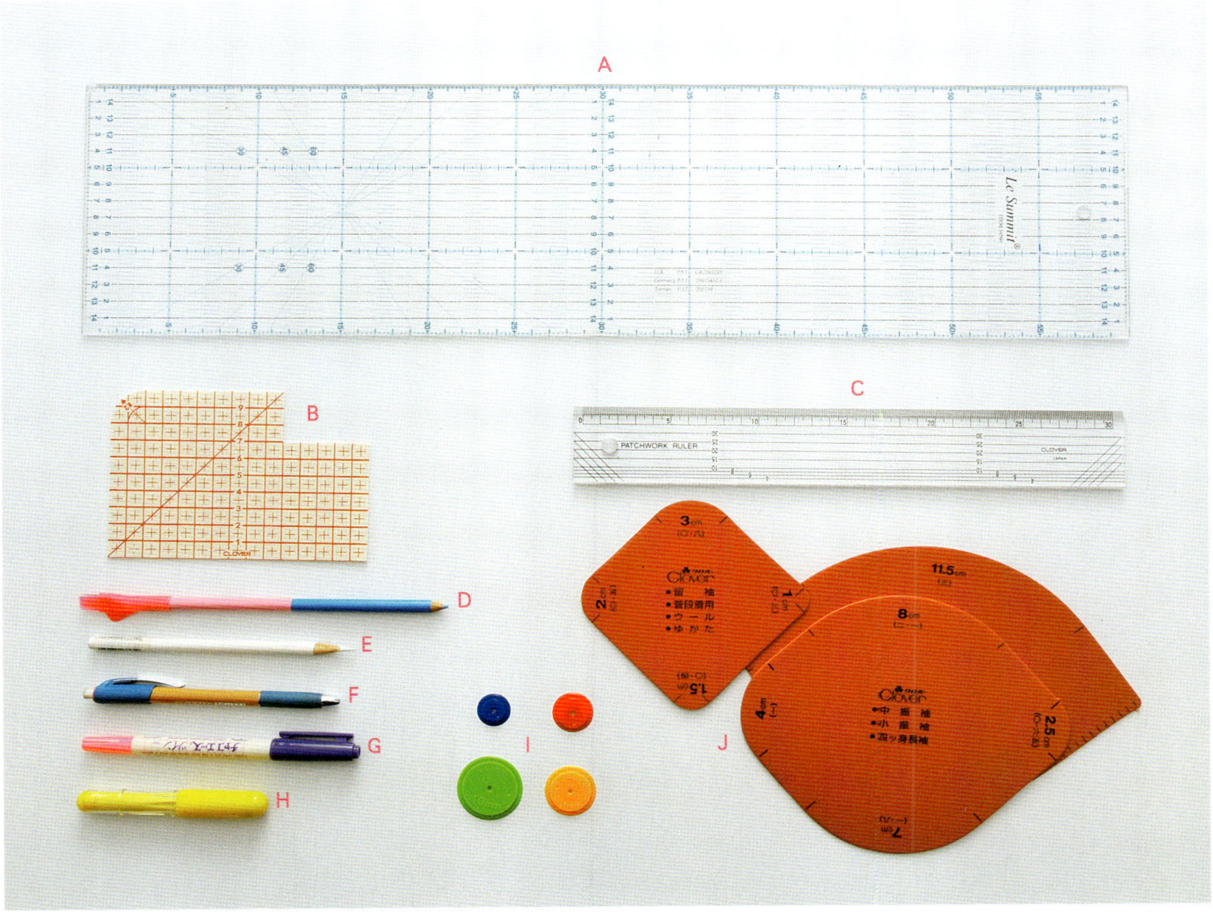

A．**方格长尺** 制大图或裁切时使用，且便于绘制直角。

B．**尺寸板** 按上面的刻度可快速折烫出所需缝份的尺寸。

C．**缝份尺** 所需缝份如0.5cm、0.7cm或1cm都清楚标示在四周，于深浅布上都可以清楚制图或裁切布料。

D．**粉土笔** 粉土笔记号，只要轻轻一弹即可去除。

E．**油性色铅笔（白）** 滑润的笔芯适合在粗质布料上绘图，但不易去除，所以仅能绘于布料背面。

F．**水溶性细字铅笔** 适用于细质棉布或淡色布料。

G．**水消笔** 记号会随时间或遇水消除，适合短暂记号使用。

H．**滚轮式粉土笔** 内为填充粉末，可轻松做记号也可轻松去除记号。

I．**缝份圈** 便于绘制所需缝份，有四种尺寸：0.3cm、0.5cm、0.7cm、1cm，制作袋物时常用0.7cm及1cm两种。

J．**弧度型板** 立体裁剪制作袖型所用，每个角都为不同弧形，制作袋物时．便于画出想要的各种弧度。

◆固定用工具

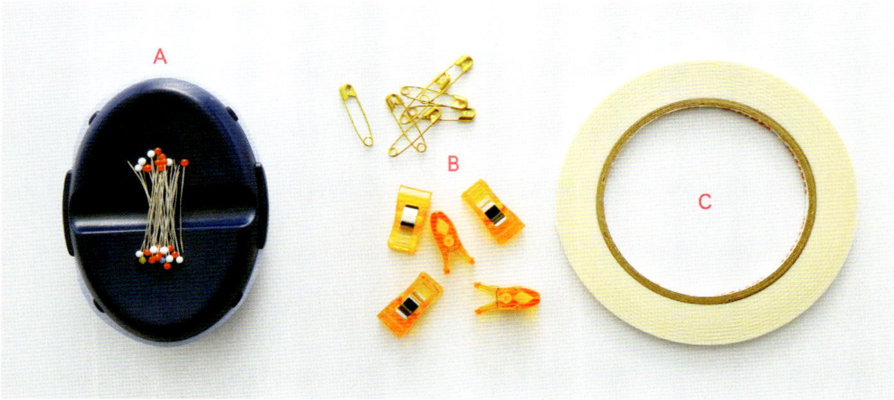

A. **珠针** 便于固定多层布料。
B. **别针及强力夹** 别针可替代疏缝；强力夹适用于厚布或袋物组合。
C. **双面胶** 用来固定拉链或提把等。

◆其他工具

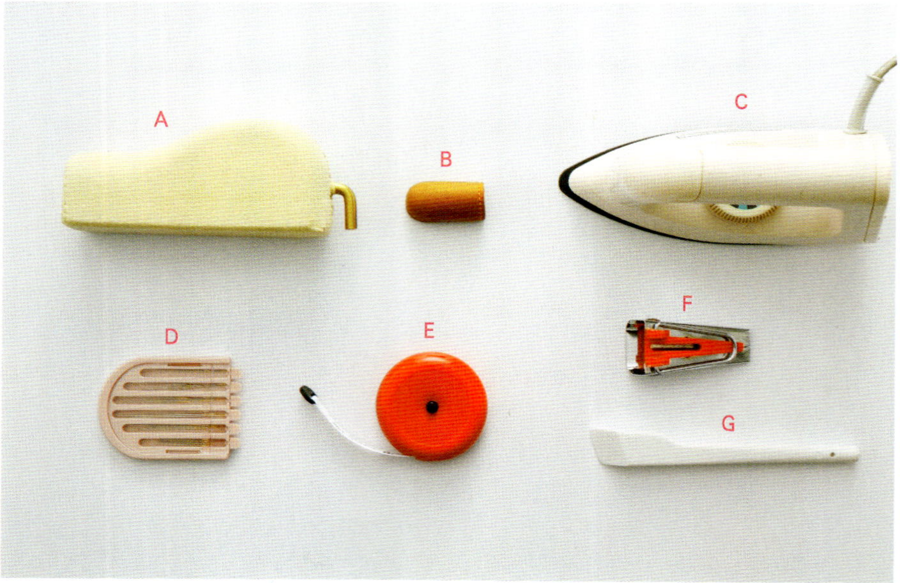

A. **文镇** 制图或裁布时使用，可固定布料位置避免滑动。
B. **指套** 便于顶针并保护手指。
C. **熨斗** 用于烫整布料或利用熨斗的热度将布衬和双胶棉烫贴在布的背面。
D. **手缝针** 拼布专用的各式缝针。
E. **卷尺** 立体裁剪时的测量工具。
F. **滚边器** 能方便且快速制作滚边布条。
G. **骨笔** 便于推压缝份导向。

工具你用对了吗

虽然有很多缝纫工具能帮助制作更上手，但是你真的用对了吗?
以下将介绍常用工具的使用诀窍，一定能助你事半功倍。

◆拆线刀

拆线刀的两种用法

1．平面车线的拆法 ▶▶

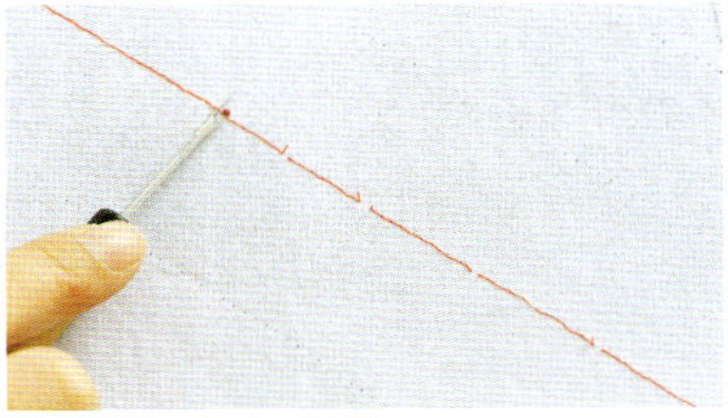

从布背面每隔一段将线拆开。

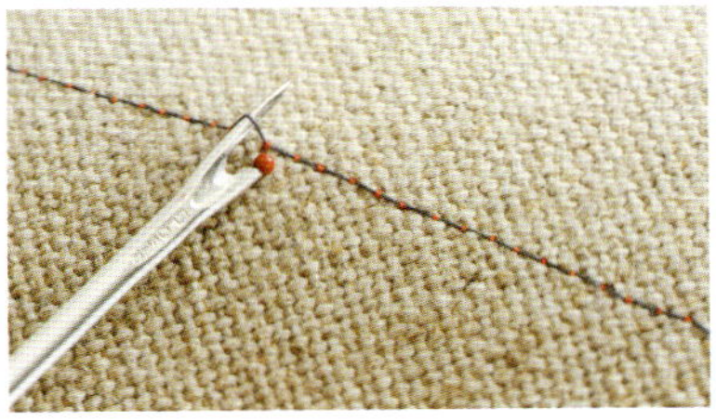

再翻回正面挑起线段。

将线直接拉起即可。

2．拆折边的方法 ▶▶

将布翻开，先从布边起头处将线拆开一小段。

注意拆线刀方向，换成红球端在内侧，即可滑顺地快速往前划开。

◆滚刀

滚刀裁布的方向

使用滚刀时，要以向前滚动的方向才正确。另一手要确实压住尺，一气呵成地将布裁下。

往自己方向滚是不正确的。

水平方向也是不正确的。

◆方格长尺

迅速画好尺寸的方法

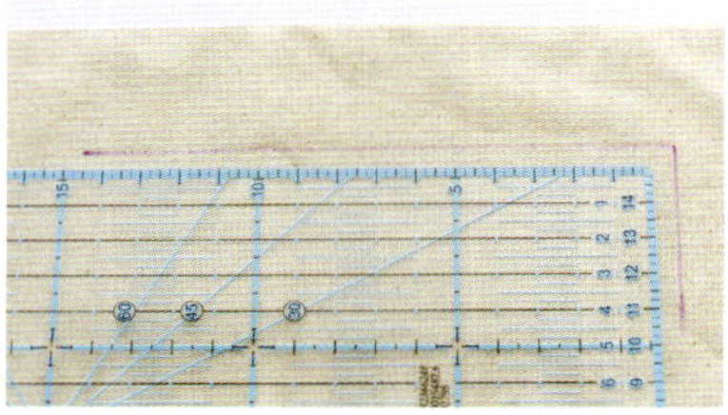

直接以方格长尺画直角，不易出错。

利用尺与切割垫的刻度线条对齐，能迅速准确地量出想要的尺寸。

◆尺寸板

快速烫出缝份的方法

尺寸板上已经画好1cm的格状，在烫缝份时相当好用，只要对准板子上需要的尺寸，一折烫平即可。

再一折，同样直接对齐格子，不必画线就可快速烫出。

◆弧度型板

方便画出各种弧形角度

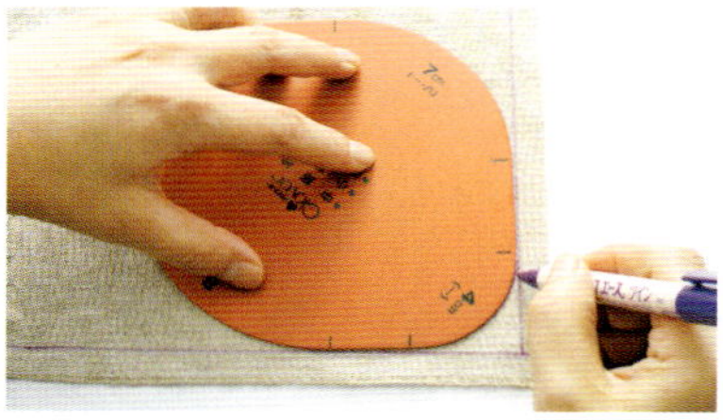

立体裁剪制作袖子使用的型板，每个角都为不同的弧度，制作袋子时，很适合用来画出袋角想要的弧度。

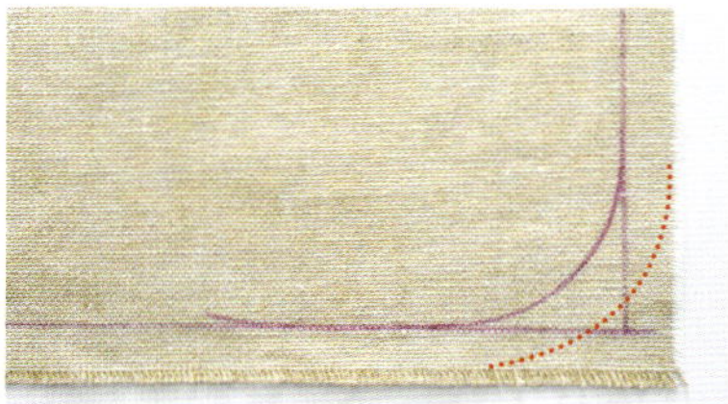

画好后要多留1cm缝份，如图从虚线处剪下。

◆返里钳

协助袋物翻面

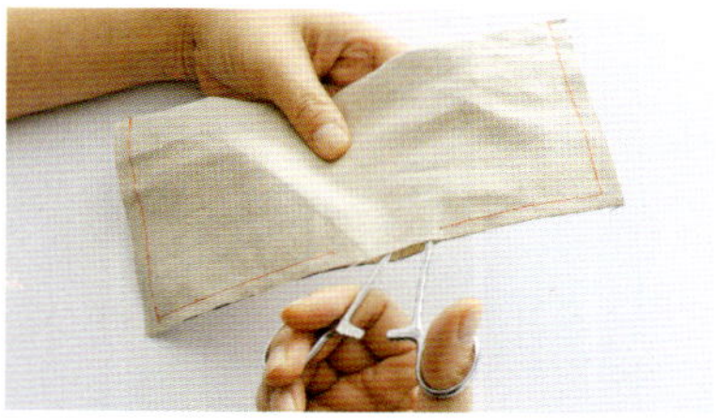

从返口穿入返里钳。

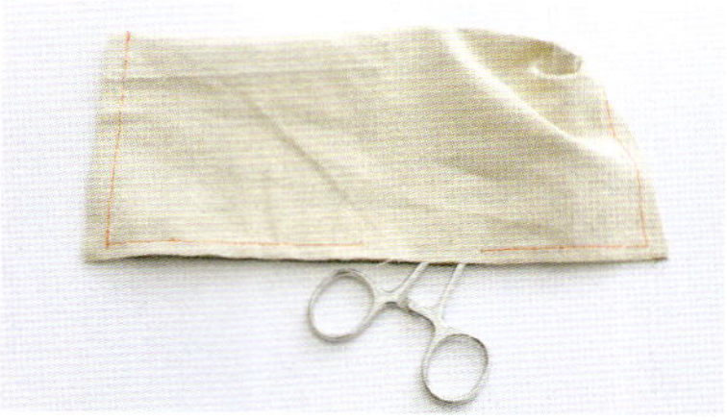

夹住一布角，钳子扣紧，往外拉出即可顺利翻面。

推出袋角

利用弯曲圆滑的刀口，能轻易推出袋物四角的形状。

◆缝份圈

快速画出缝份

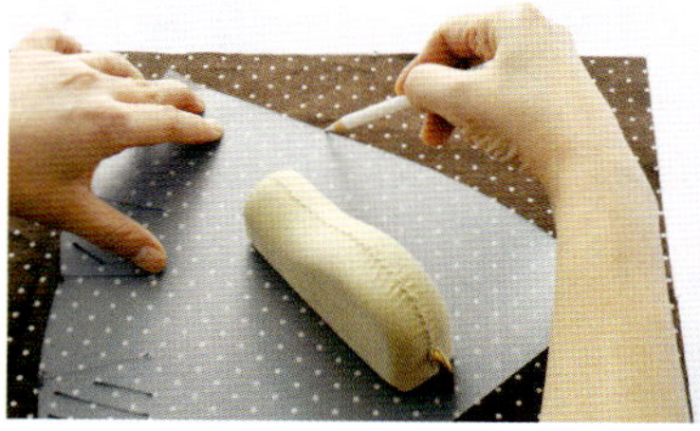

先依板型在布上画出。

将笔放进中心孔，缝份圈边缘紧靠板型，顺着画出缝份。

缝份圈有各种尺寸，可依需求选用。

各种铆钉扣的做法

各式铆钉、鸡眼扣、四合扣等，是作品中常用的配件，
可增加功能性，或者作为固定的零件使用。
钉法并不难，只要准备齐全工具就能轻松完成。

◆铆钉扣的必备工具

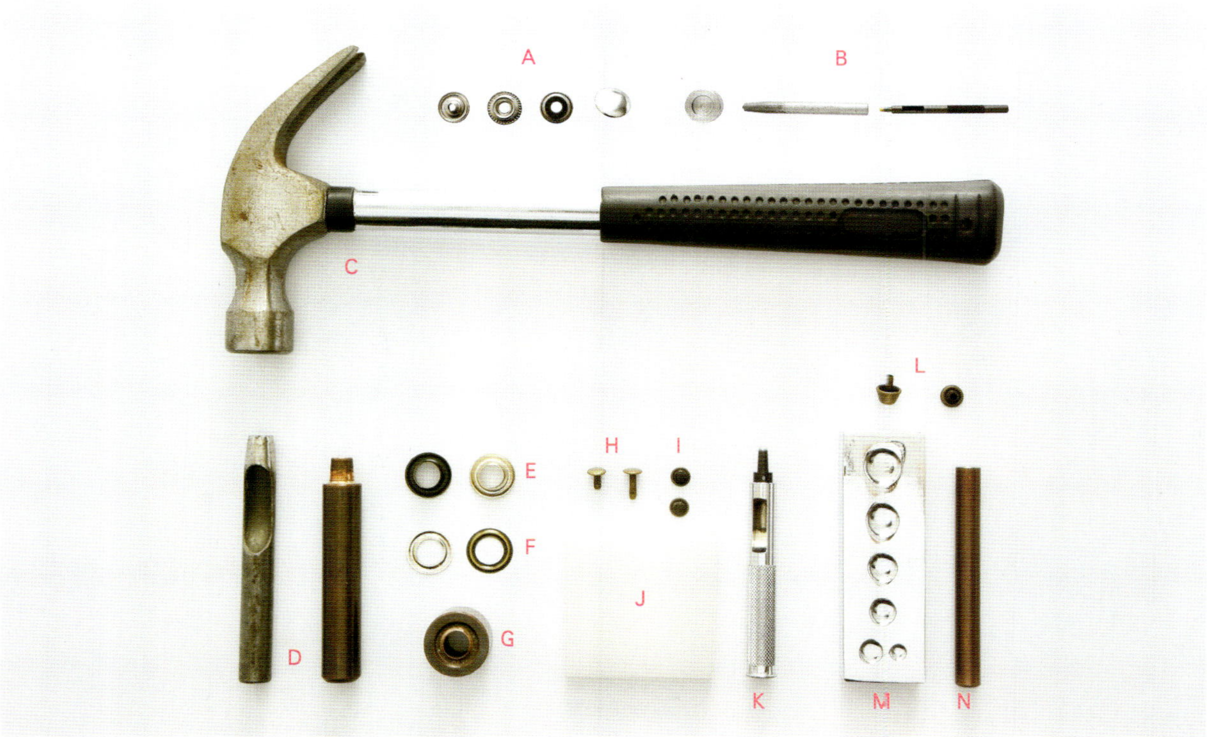

A. **四合扣**（从左到右） 扣脚、母扣、公扣、扣面。
B. **四合扣工具**（从左到右） 下模、上模、打孔器。
C. **锤子** 建议使用铁锤，木锤力道不够。
D. **鸡眼扣打孔器**（左）
上模（右）
E. **鸡眼扣** 有各种尺寸、颜色可选择。
F. **鸡眼扣套片**
G. **鸡眼扣下模**
H. **铆钉** 有不同的长度可选用。
I. **铆钉套片**
J. **打孔器底垫** 任何打孔器都可使用。
K. **铆钉打孔器**
L. **脚钉**（左）
脚钉套片（右）
M. **下模** 适用于各种尺寸的铆钉及脚钉。
N. **上模** 上模尺寸请依使用的铆钉选用相对应的尺寸。

◆如何打铆钉

先在布上做记号，再用打孔器穿洞。

将铆钉置于下模上，再将已穿孔的布套上铆钉。

盖上铆钉套片。

利用上模将套片冲上。

铆钉牢固不会晃动即完成。

◆如何打鸡眼扣

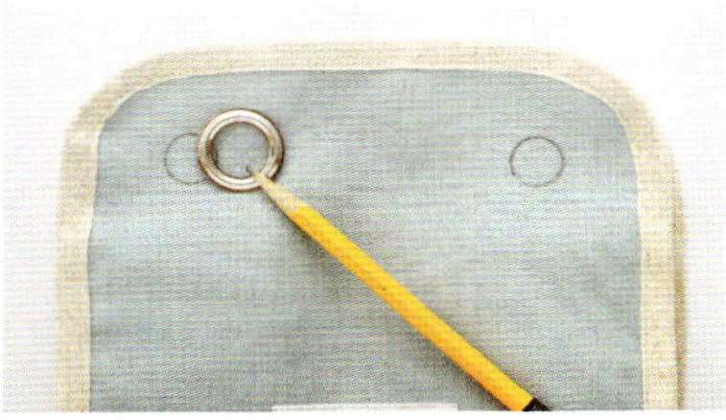

利用鸡眼扣套片内径，画一圆圈记号。

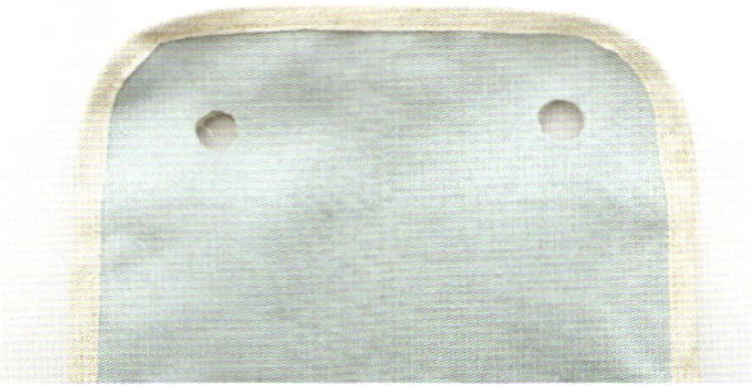

再将内圆记号剪去。

将鸡眼扣置于下模座上。

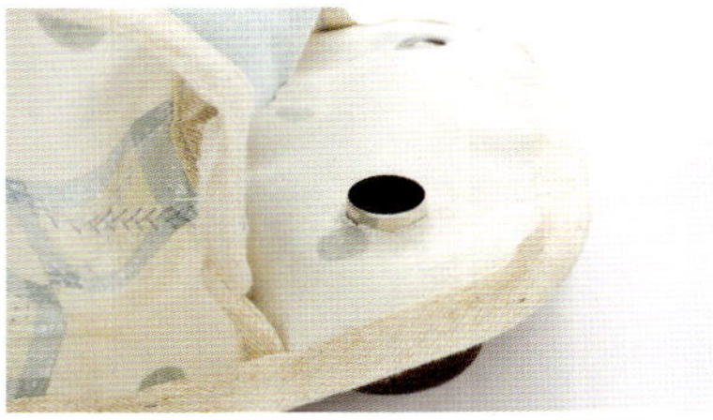

将布由外往内套上鸡眼扣。

鸡眼扣套片。

将套片凸面朝上，套上鸡眼扣脚。

利用上模将鸡眼扣和套片铆合。

背面完成图。

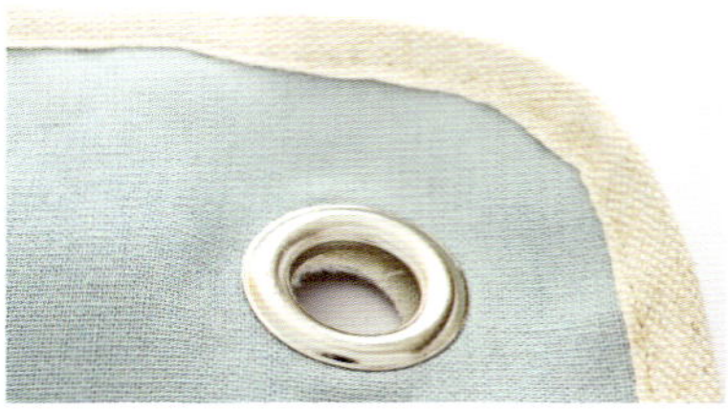

正面完成图。

◆如何打脚钉

脚钉置于下模中。

脚钉由外往内穿入打好孔的布中。

正面的样子。

套上脚钉套片，钉上即可。

◆如何打四合扣

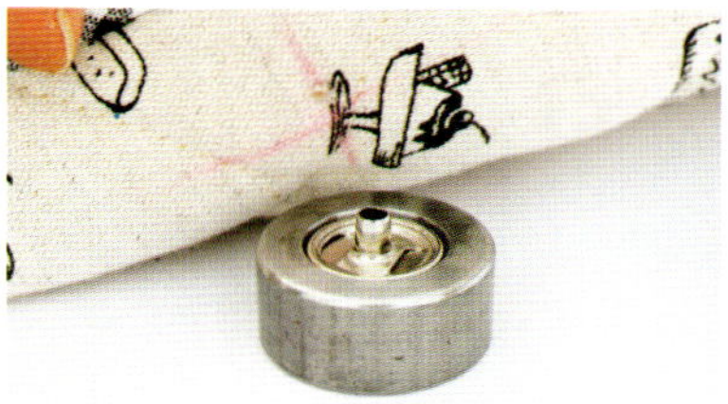

将扣面置于下模中。

扣面穿入打好孔的布中。

将公扣套上。

利用上模将两者铆合。

将扣脚穿入布孔中，并套上母扣，利用上模铆合。

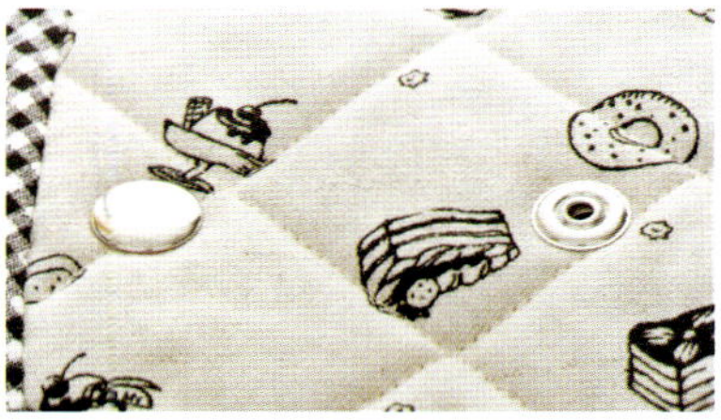

完成正面图。

完成背面图。

◆如何打磁扣

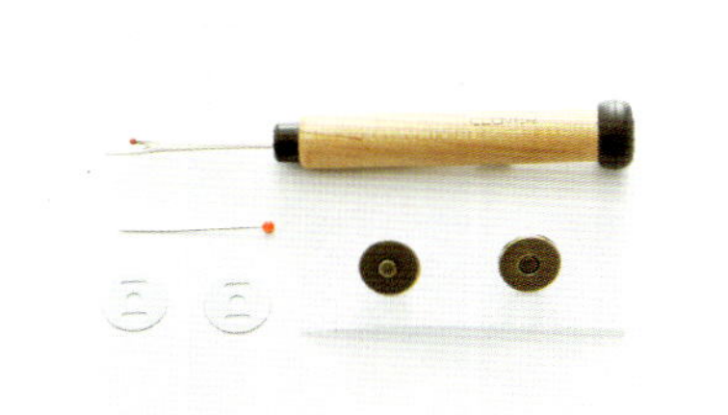

需准备材料。

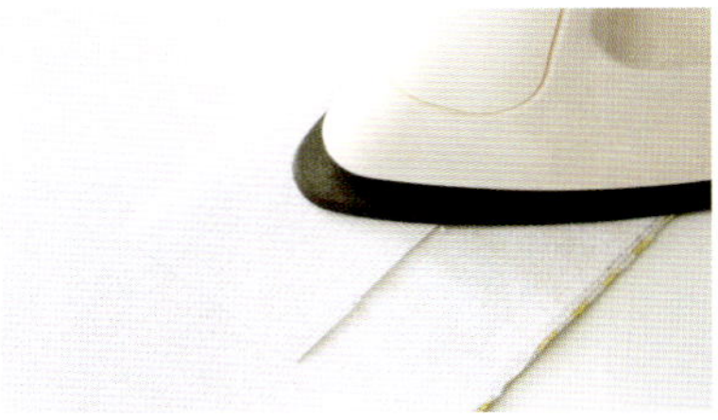

在背面烫上一小块衬，增加布料耐用度，让袋子即使在频繁的开合下也不容易扯破。

量出布的中心点，做记号，磁扣底座中心对准记号点，两侧画线。

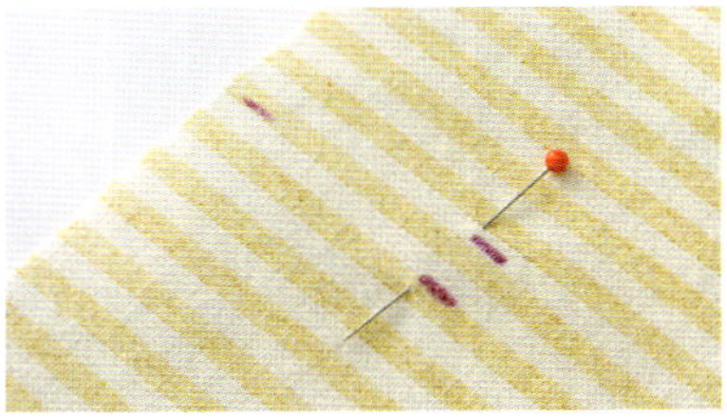

在记号线上方平行穿入珠针。

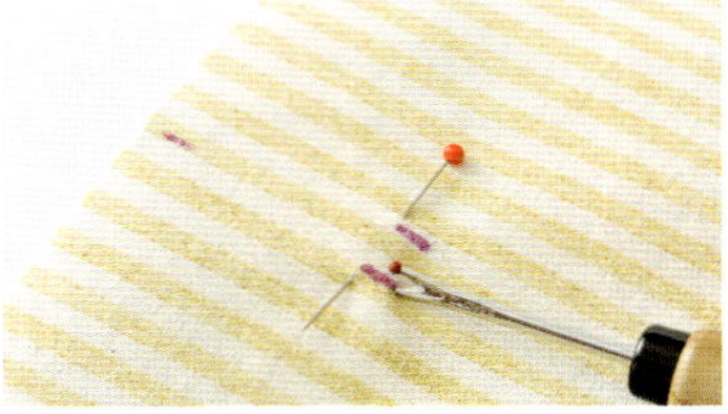

以拆线刀将线段划开，刚好到珠针挡住的位置。

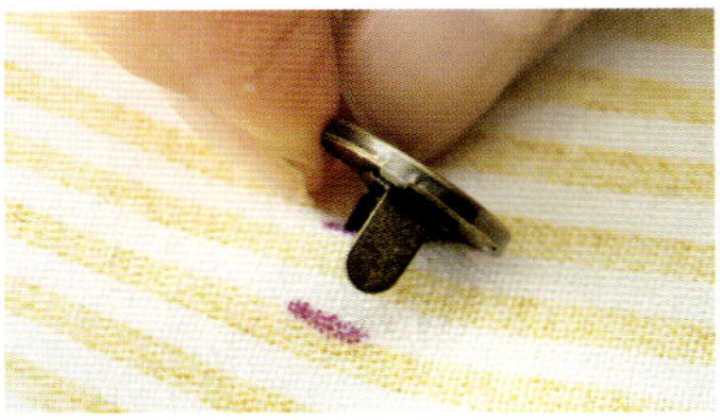

将磁扣脚钉穿入开口。

底座穿入脚钉。

以工具辅助，将脚钉往两侧压平。

完成。

认识布料与针线

布料是作品的灵魂，充分了解布料特质与针线用法后，
才能更有概念地作出想要的设计。

◆常用布料有哪些

棉布

拼布大多使用100%纯棉布料，棉纤维易于染整加工，所以棉布的色泽较鲜艳多变化，如印花布、素色布、手染布或先染布等；棉布特性柔软、保暖，吸水性及透气性强。

Point！
盐是棉布染色时的固定剂，为防止褪色，新买的颜色艳丽或深色棉布可在清水中加食盐浸泡之后阴干，能保持棉布色泽持久。

棉麻

棉麻混纺能同时具有麻质朴实粗犷的天然特性和棉质的印染多变性。

麻布

麻质纤维有良好的吸湿、散湿与透气的功能，色调柔和，风格粗犷，质感平挺厚实，很适合制作拼布袋物，但容易缩水起皱，制作前，最好先下水缩过。

刷毛布

长纤棉质刷毛布，具有保暖的功能，适合用来制作冬天的衣物或棉被、毯子。

毛料

毛织物保暖且有弹性，抗皱不易褪色，但耐热性差，易缩水，且容易摩擦起毛球。

防水麻布

表面仍为麻布，背面加上防水膜后，更广泛地运用于日常生活中，适合用来制作防水购物袋、园艺用品等。

防水棉布

在棉布表面加工贴上防水膜后的产品，更加适合制作生活用品。

双面花布

为满足拼布人收集各式花布的乐趣而设计的多变化布料。

◆布纹方向

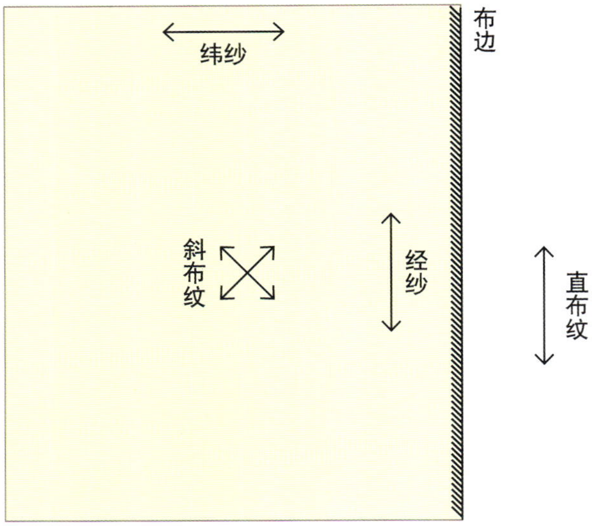

一般棉布是由经纱、纬纱交织而成的，经纬纱的弹性不同，在制作作品时，必须注意适用的布纹方向。

直布纹：与布的经纱同方向，拉起来没有弹性。壁饰被子的四周边条布必须是直布纹，以避免拉扯变形；袋物的垂直面必须是直布纹，放置重物方不至于拉扯变形。

斜布纹：与直布纹成45°角，弹性最大。滚边、出芽、立体裁剪领口及贴边时适用。

◆认识常用记号

在板型中会看到各种缝纫记号的表示，以下列出常用符号，了解符号代表的意义将有助于制作更顺畅。

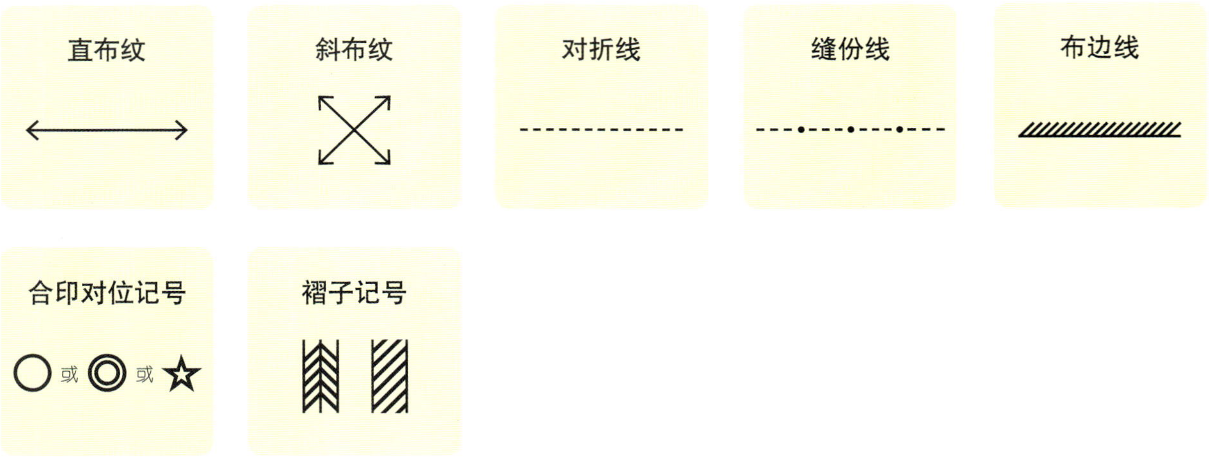

往左折 ▶▶

记号表示　　布的折法

从左右往中间折 ▶▶

记号表示　　布的折法

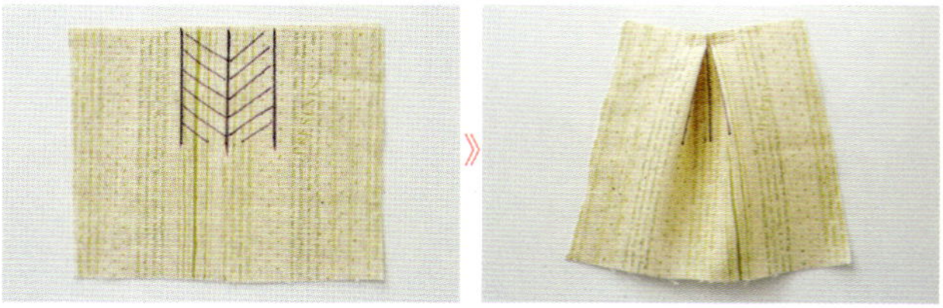

◆衬的种类

衬的种类很多，有布衬、纸衬等不同材质及厚薄，依制作作品的需求选用。

A. **布衬** 建议选用纯棉材质的布衬，耐高温，经过熨烫也不会变形，适合袋物使用。分深色和浅色两种，依使用布料颜色配用。

B. **特殊衬** 质轻，能加强袋物的厚度及挺度。

C. **奇异衬** 方便机缝贴布的运用，只能以中低温熨烫。

D. **双胶棉** 能增加袋物厚度，易于表现压缝过后的立体深度，但注意不要高温或者过度用力压烫，避免失去双胶棉的蓬度。

E. **纸衬** 机缝绣花时使用。当布太薄时，若直接在上面绣花，布会容易拉扯，加纸衬可让车缝更平稳。

F. **坯布** 贴在双胶棉背面保护铺棉，车缝时才不易被缝纫机的送布齿钩带出棉絮。

◆与布相搭的针线

手缝用针线 ▶▶

压线用手缝线（quilting thread）

线较粗，因为压线是外露的，所以必须耐磨耐洗。

接合用手缝线（piecing thread）

线较细，适合布料的拼接用。

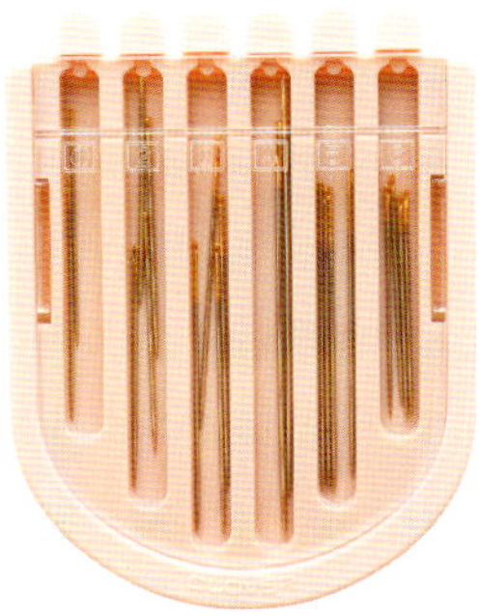

手缝针一盒

拼布专用的各式缝针；号码越大针越细。

No.1　贴布缝针（applique needle）：针头细，针轴细软。
No.2　8号压缝针（quilting needle）：针头细，针轴较粗短。
No.3　9号接缝针（piecing needle）：针轴较细长。
No.4　疏缝针（basting needle）：针轴最长也最粗。
No.5　8号接缝针（piecing needle）：比9号接缝针粗，适合较厚的布料。
No.6　9号压缝针（quilting needle）：比8号压缝针细。

皮革专用线

机缝皮革线

适合车缝天然和人造皮革。

手缝皮革线

专门用于手缝皮提把的特制皮革线。

车缝用针线 ▶▶

车缝针

一般家用车缝针有No 7、No.9、No.11、No.14、No.16、No.18各种尺寸，号码越小车针越细，No.16及No.18常用于车缝皮革。

车缝线

线的种类				
特　色	仿丝处理，较细，适用于薄棉布的接合或自由曲线时使用。	较粗，适用于厚质布料的接合或压线。	较细，适用于薄布车缝。	彩度高仿丝处理，机缝绣花专用。
适合用针	适合搭配No.9／11车缝针。	适合搭配No.11／14／16车缝针。	适合搭配No.9／11车缝针。	适合搭配No.9／11车缝针。

＊依车缝线上标示号码，如#60、#50，号码愈小线就愈细。

PART 2

操作缝纫机的第一步

面对一台复杂的机器，该从何开始呢？

一步一步地操作，

熟悉各种技巧后，缝纫机将是你最得力的好帮手。

- 从认识缝纫机开始
- 车缝前的准备动作
- 各种车缝方法
- 压布脚种类及应用
- 口袋的四种做法
- 常见问题及排除方法

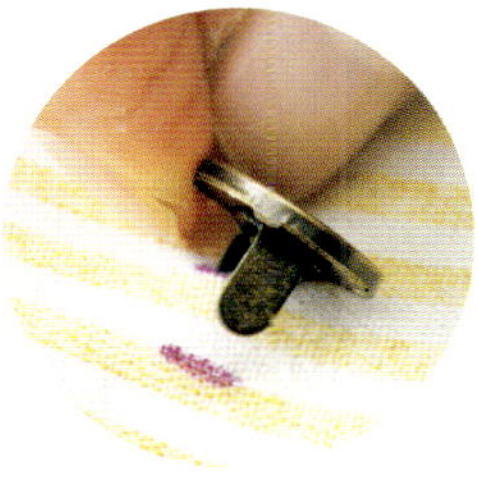

从认识缝纫机开始

◆了解缝纫机的每个部件

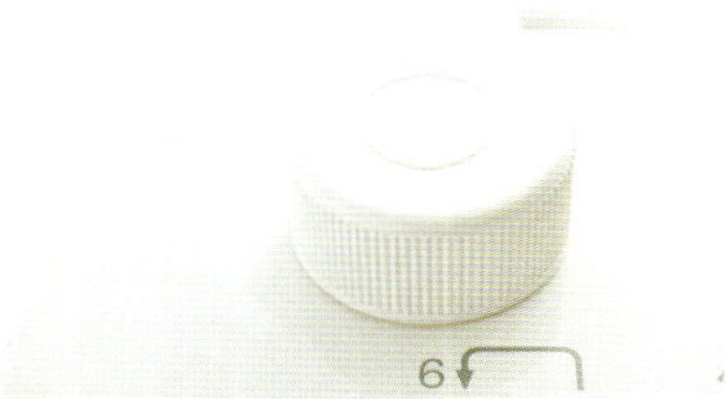

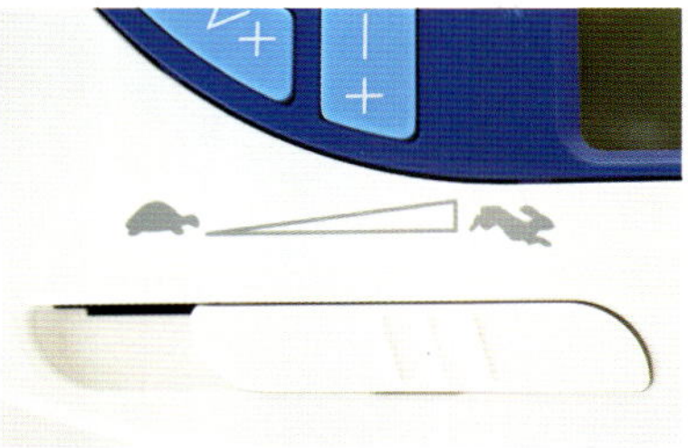

速度控制钮

可依车缝需求或个人习惯来调整速度的快慢。

压布脚压力调节钮

依布料的厚薄来调整压布脚的压力。

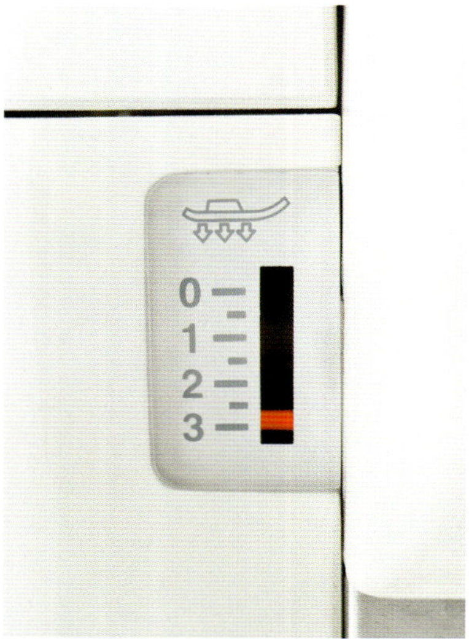

指示标记

一般车缝请调在3，若是比较轻薄的布料，则建议调至1的位置。

上线张力调节钮

可借此钮调整因车线或布料种类不同而产生的张力不均现象。

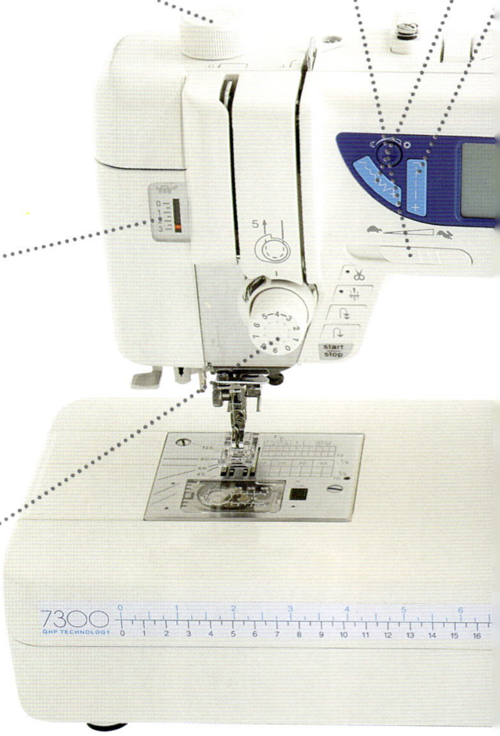

＊在此是以缝纫机型elna7300作说明，每台机器的构造会有些许不同，请参考所附说明书使用。

针脚幅度调整键
可改变花样的针脚幅度以及针落下的位置。按压“+”，针脚幅度变宽，反之则变窄。

针脚长度调整键
可调整花样的针脚长度。按压“+”，针脚长度增加，反之则减小。

卷线轴
放置梭子卷底线用，速度控制钮必须设定在最快速。

梭子挡板
卷线时，必须先将梭子挡板往梭子方向移动。

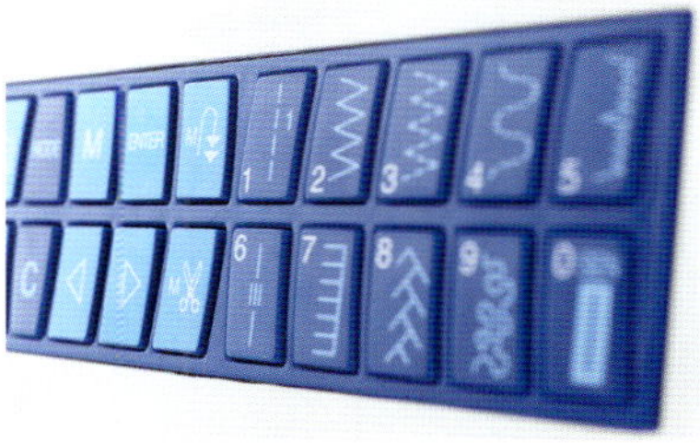

花样操作按键
可快速选取所需花样。

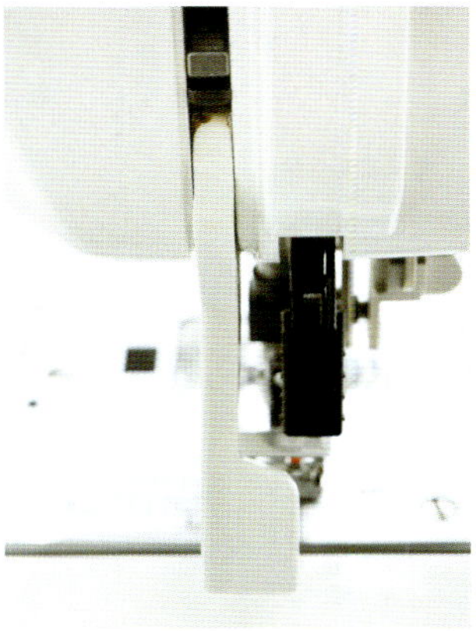

压布脚拉柄
可抬起或放下压布脚。

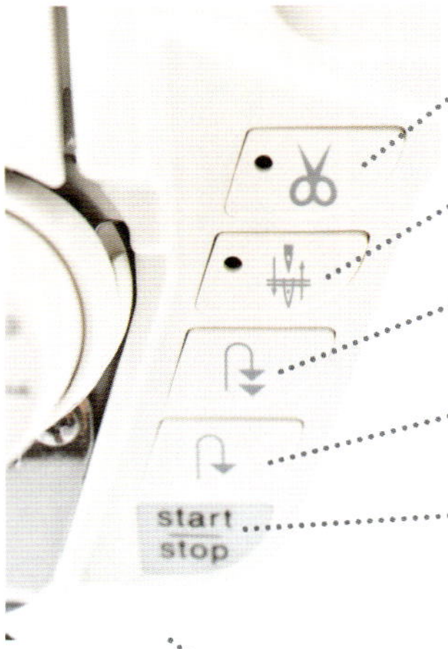

切线按钮
车缝完成后按下会自动将上下线切断。

针位上线调整钮
切换上下针位。

自动锁缝按钮
于原点车缝三四针，有加强固定的效果。

倒退缝按钮
倒退回缝，加强固定。

手控停动按钮
当不便于使用脚踏板控制速度时，可将踏板插头拔除，改用手控停动按钮。

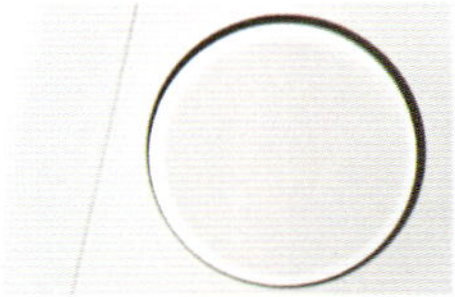

手轮
转动可控制挑线杆让针上下移动。

开扣眼切换杆
开扣眼时一定要记住拉下此切换杆，完毕后必须将其往上推回原处。

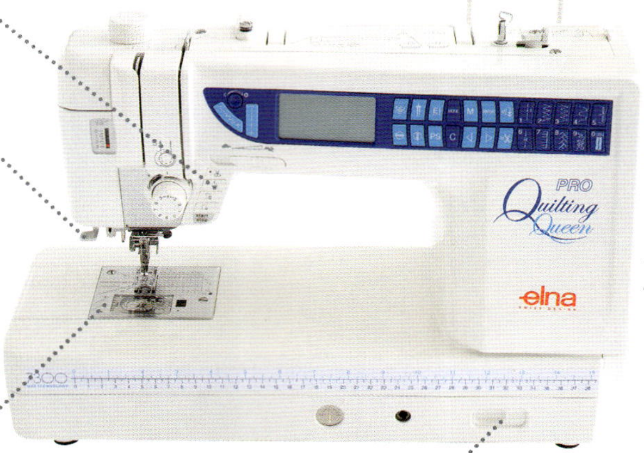

电源开关

电源插座

脚踏板插孔

上送料针嵴密度调整钮

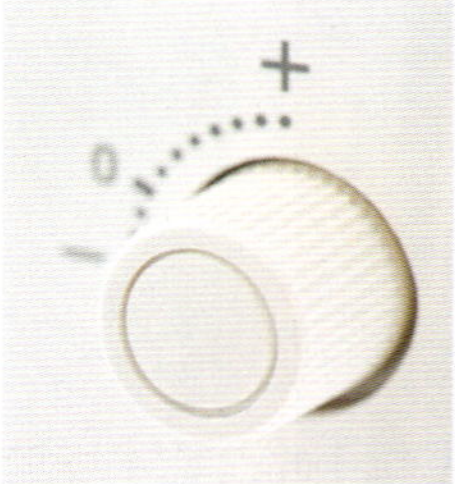

针板
针板上的导引线刻度标记，有厘米及英寸两种。

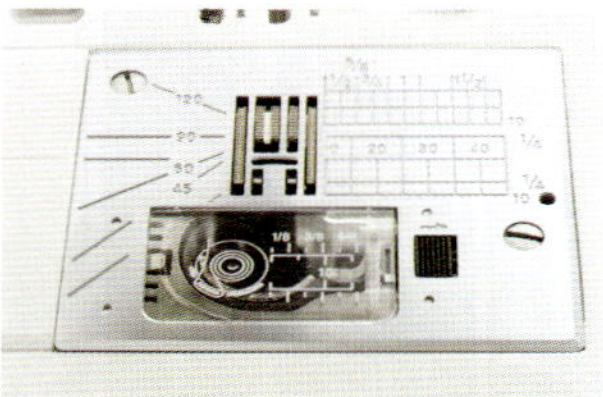

送布齿升降钮
一般状况下，要将此钮设定在左侧（送布齿上升）。

膝控抬杆
不用手也能控制压布脚升降，以膝盖往右推，压布脚会升高，往左放则压布脚会放下。

针留螺丝
向内旋转即可将车缝针取下。

压布脚
依不同车缝方式可更换各种专用压布脚。

穿线器
自动穿线器的设计，让穿线变得轻松容易。

压布脚脚胫固定螺丝
拆装压布脚脚胫时使用，向后旋转可拆下。

压布脚脚胫
可嵌合各式压布脚。

目前市面上最常用的缝纫机，可分为水平式全回转与垂直式半回转两种。

机型种类	水平式全回转（新式机体）	垂直式半回转（传统式机体）
运转声音	噪声较小。水平式全回转梭床，因为缝纫机的进步，以及机体结构的不同，使用零件不同，所产生的噪声也就大幅降低。	噪声较大。因梭床处的零件大多为金属制品，在运转时金属零件互相撞击，所以在车缝运转时的声音也较大。
底线放置方式	底线由上方正面放入，多使用透明梭盖，方便使用者能随时检查底线的存量。	底线由侧面放入。
其他	建议初学者选用。使用方式较垂直式半回转简单，操作方便，也不易产生绞线的问题。	较水平式全回转的机器价格低。

* 大多数的家用型缝纫机都具备了自由巧臂的功能（可车缝圆筒状的方便装置）。

车缝前的准备动作

穿针引线是每回要开始缝纫时的必备工作，一开始也许还不太熟悉，但只要跟着指示，把每个步骤都做对了，之后的车缝也会更顺利喔！

◆如何装上车针

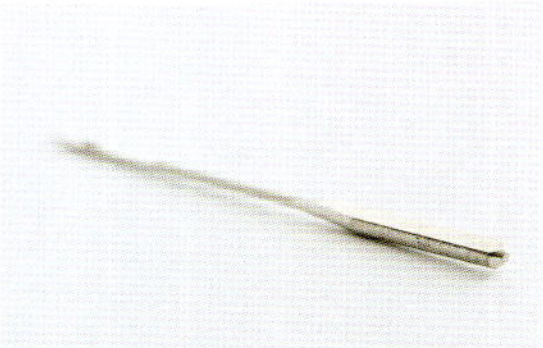

注意针有一侧为平整面。

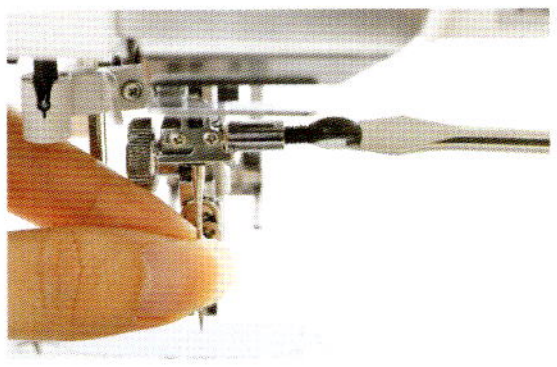

装车针时，让针的平整面朝向缝纫机，插入针夹后，以螺丝将车针锁紧。

◆穿下线

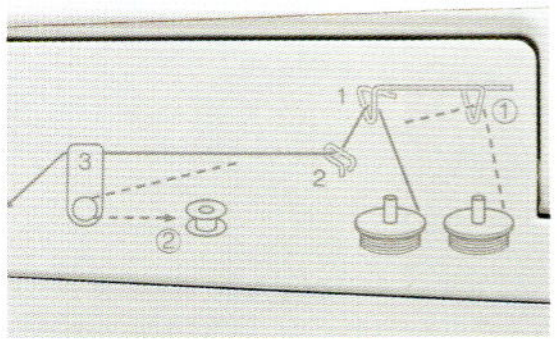

每台缝纫机上面都有穿上下线的方向指引标记，跟着标记穿线才能正常使用。

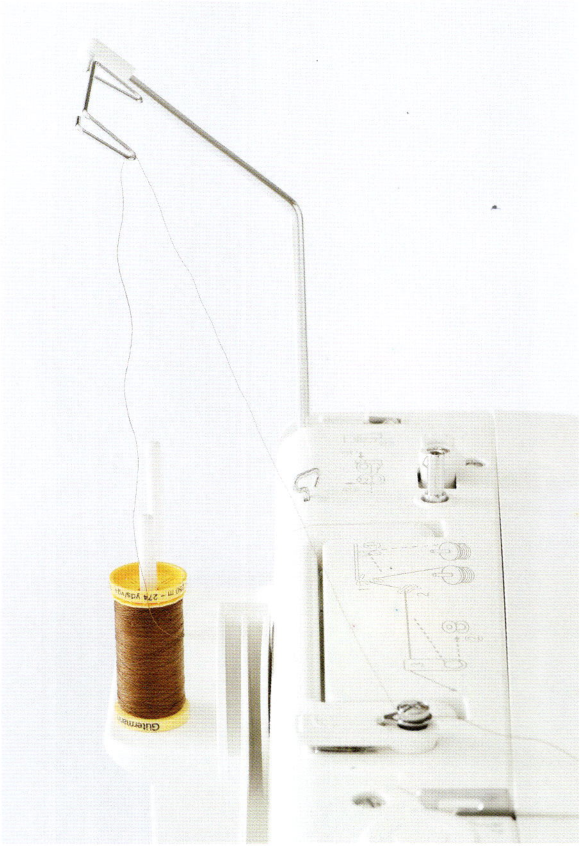

放入下线用的车缝线（线轮的线头应朝向左侧）。

将线由内往外穿过梭子，将梭子套入卷线轴。

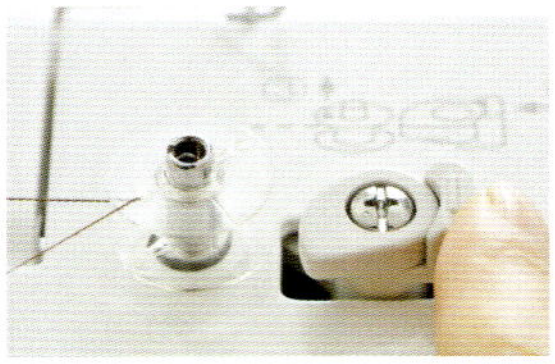

将梭子挡板往左推。

按下卷底线按钮，开始卷下线。

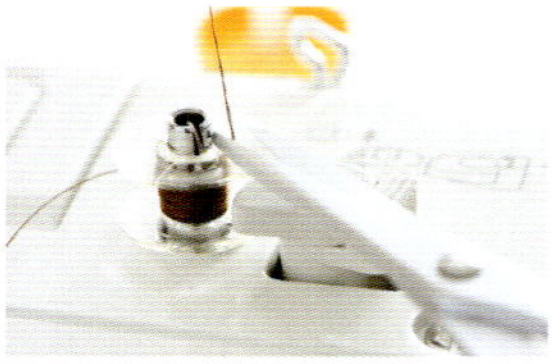

当梭子上的线缠绕数圈之后，再按一次停止转动，剪断上方露出的线头。

再按卷底线按钮，继续卷线，卷满之后机器会自动停止，将挡板推回右侧。

取出梭子后，将线剪断。

梭子卷坏了该怎么办

底线梭子若卷得不整齐或松散，会影响到车缝线的均匀及美观，假使梭子卷坏了，该如何处理呢？

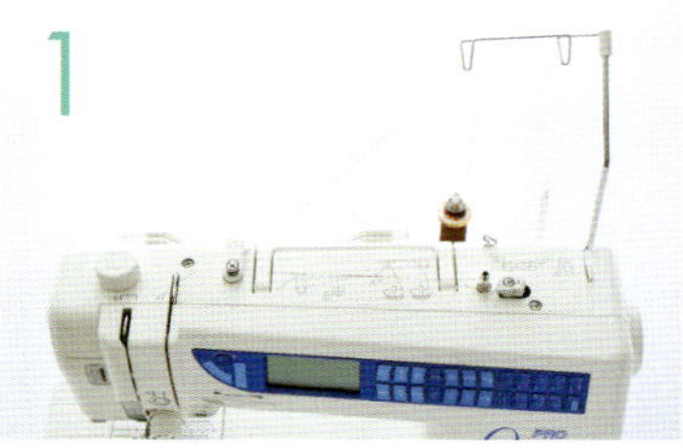

将卷失败的梭子置于线轮柱上，线挂在挂线台上，再穿过卷线导引。

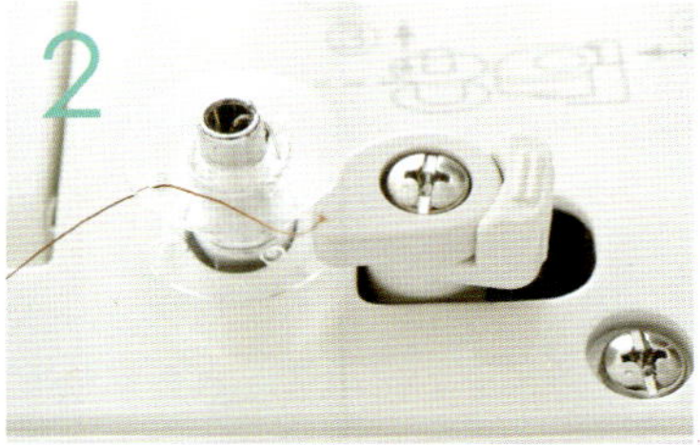

线头由内往外穿过梭子，将梭子置入卷线轴。

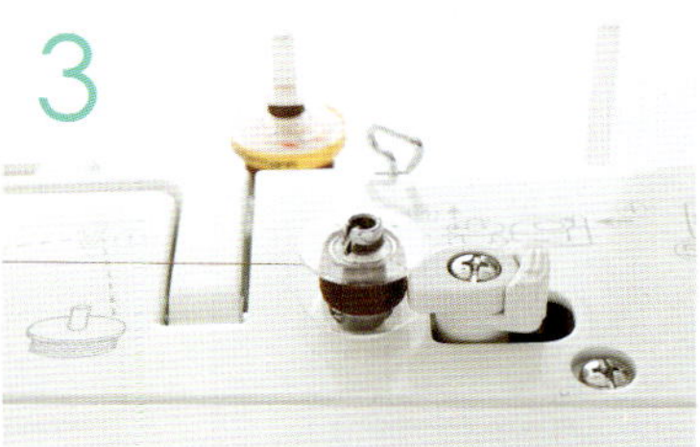

将失败梭子里的线，重新卷至新的空梭子内。

◆依序穿上线

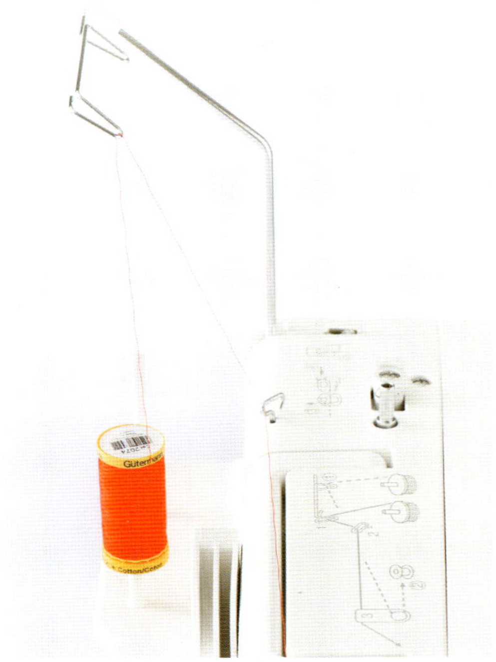

将线头从线轮拉出（让线轮的线头朝向左侧），穿入挂钩。

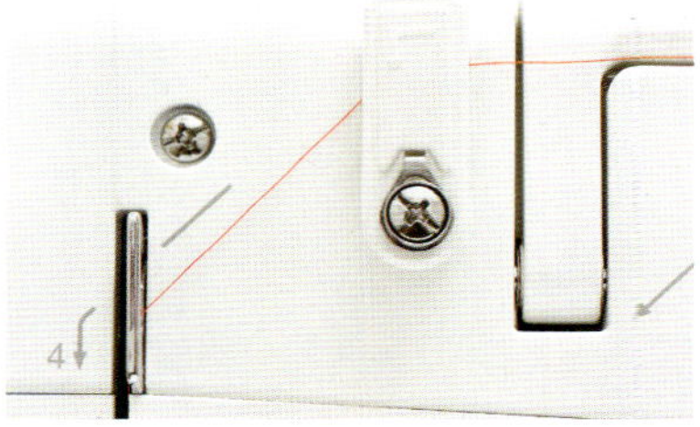

依照标记，将线头穿过穿线导引。

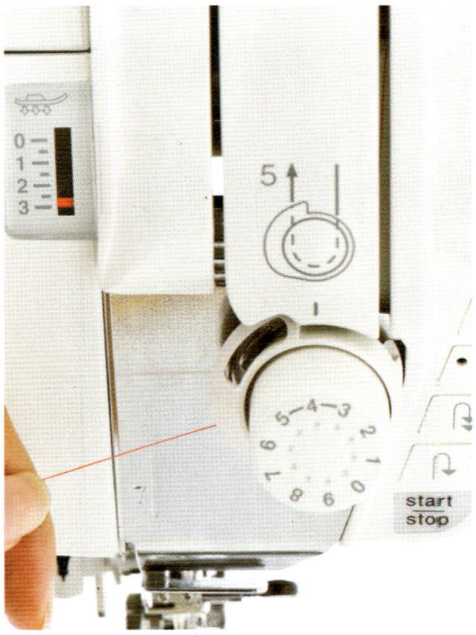

线继续绕过上线张力调整钮，挂入左上挂钩。

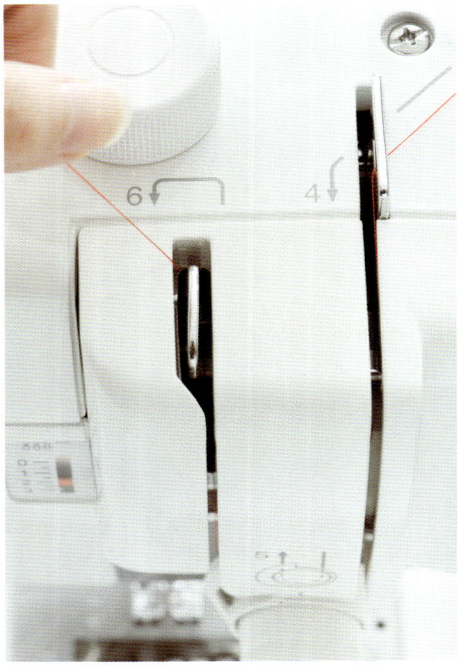

确认绕过挑线杆。

确认绕过穿线导引。

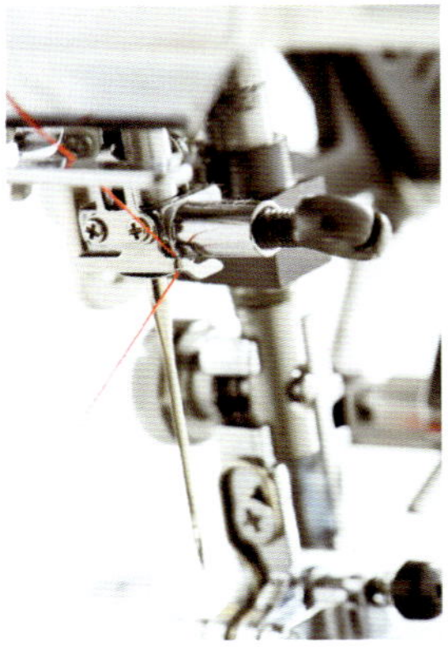

由左侧穿过针棒上的挂线钩。

按下自动穿线拉柄，再将线由左至右固定并置于钩线具中。

放开自动穿线拉柄后，钩线具即将线穿过针孔。

◆安装梭子

让梭子线头为逆时针方向，放入梭壳。

线头从前方凹槽拉出，往左牵引。

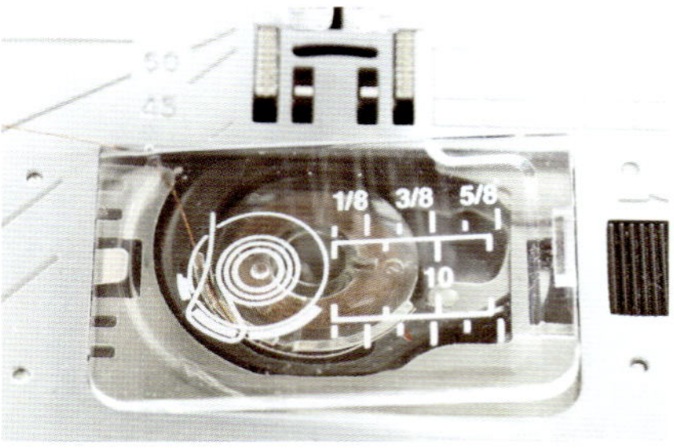

下线拉出10cm左右，盖上透明盖板。

◆引下线

压布脚抬起，左手拉着线头，右手往自己的方向转动手轮。

拉紧线，一边将针降下。

针再升起时，下线就会钩住上线被引出。

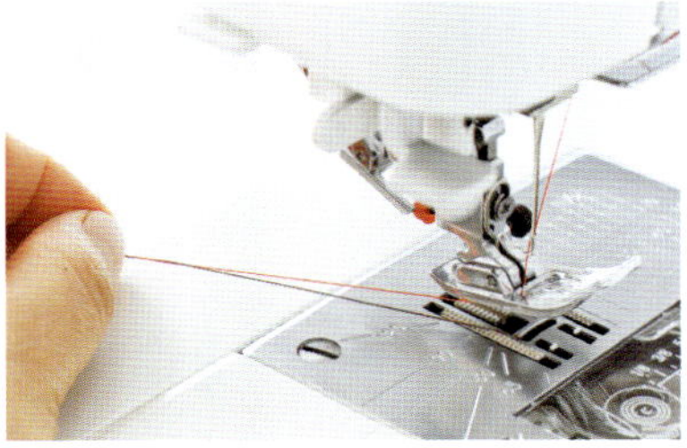

让上下线在压布脚下方，往与自己相反的方向拉出约10cm。

试车看看，如何检视上线张力

正常张力状况

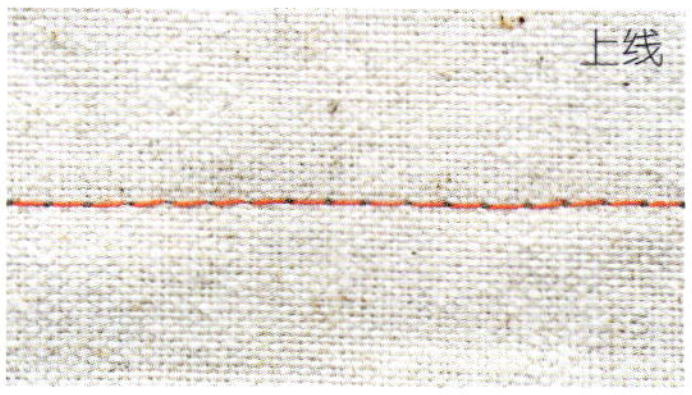

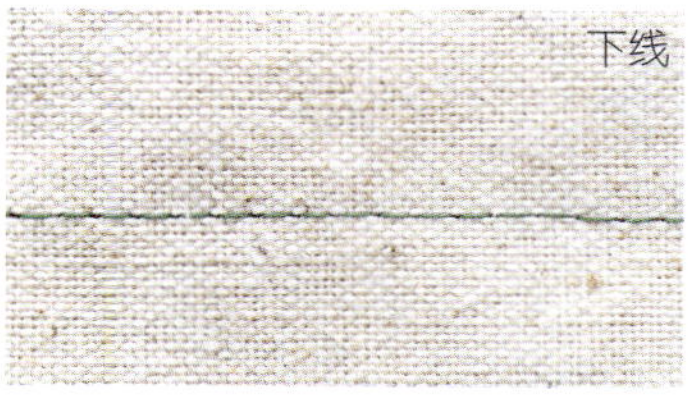

从正面或背面看起来，线都是一样的，两面都不会有浮线的现象。

上线张力太弱

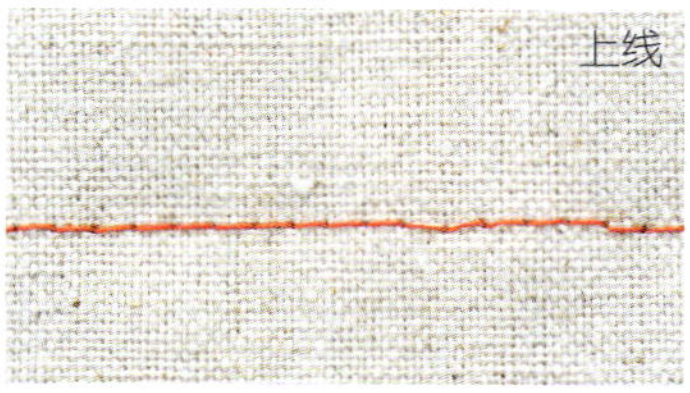

上线张力太弱时，上线会凸出底部表面，能看到明显的打结点，应将调节钮往数值大的方向调。

上线张力太强

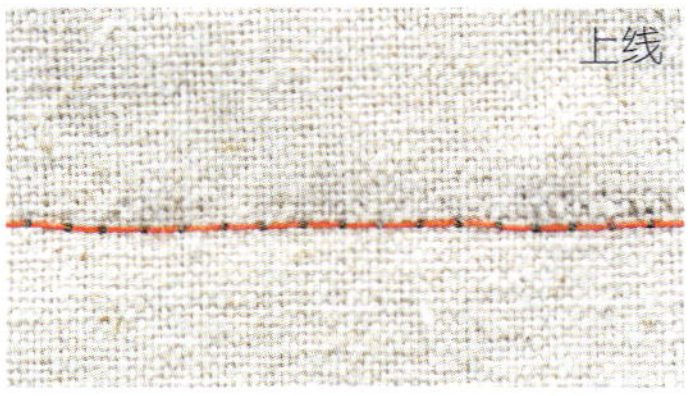

上线张力太强时，下线会浮出表布，应将调节钮往数值小的方向调。

判断合适的针目大小

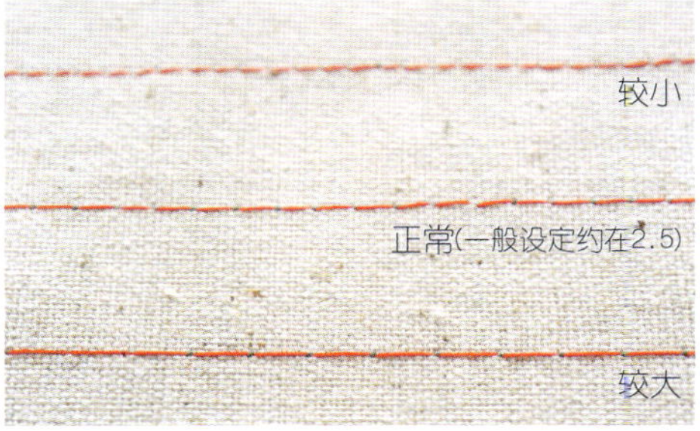

一般设定约在2.5。
抽褶或疏缝时可采用最大针目车缝5。
铺棉压缝时，针目可比正常大一些，约调到3。

各种车缝方法

直线、曲线是车缝的基本方法，
针位上下、压布脚何时需升降等，
一开始先熟练这些车缝重点，接着才能得心应手地操作缝纫机。

◆车直线

按直线钮。

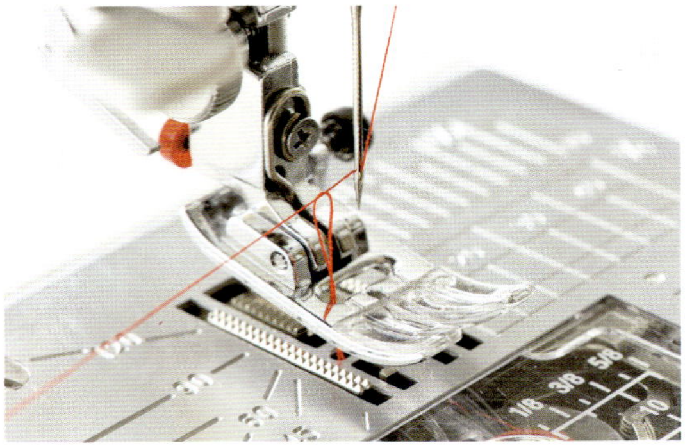

引下线。

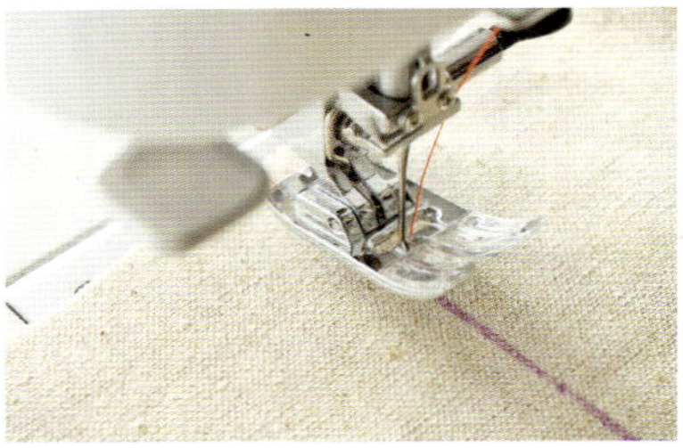

布上画线。

针对准记号线，压布脚放下，先车三针。

再按回针钮。

双手轻轻推送布料但注意不要用力拉布。

车至最后按回针及剪线钮。

收尾的两种方式

◆车转角

车缝时靠近转角处速度要放慢，并要先停下、转换方向后继续车完，才能车得漂亮。

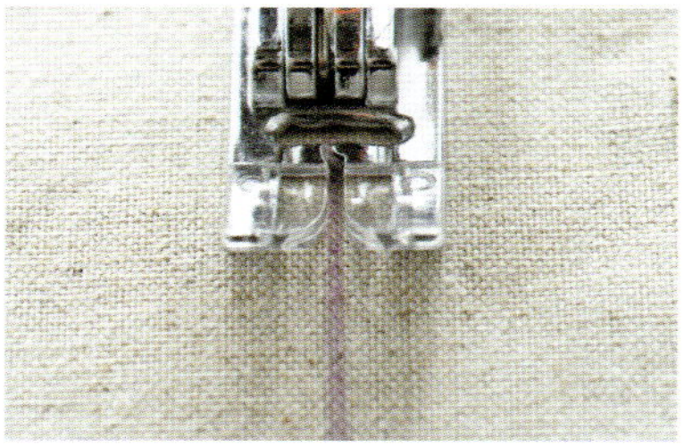
将压布脚的缺口对准记号线。

车至转角处，按止针钮。

将压布脚抬起，但针还是落在布上。

将布转过来，压布脚放下。

按止针钮。

继续往下车。

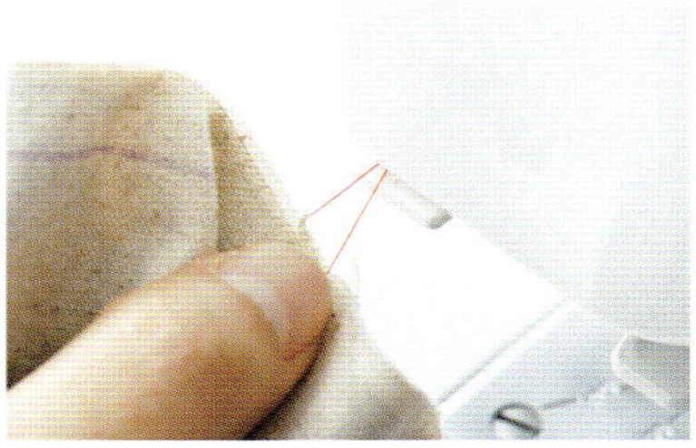
布往后拉、切线。

完成。

◆曲线车法

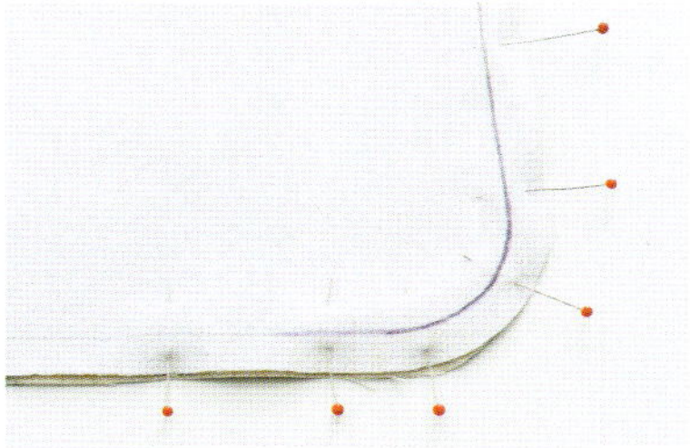
别上珠针固定（两层布以珠针暂时固定，车缝时不易滑动）。

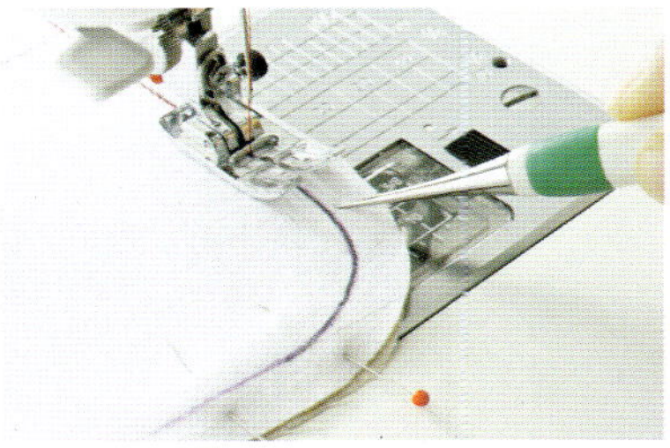
边车要注意沟槽对齐线，以锥子辅助送布。

一边把珠针拔掉，转弯处速度要放慢。

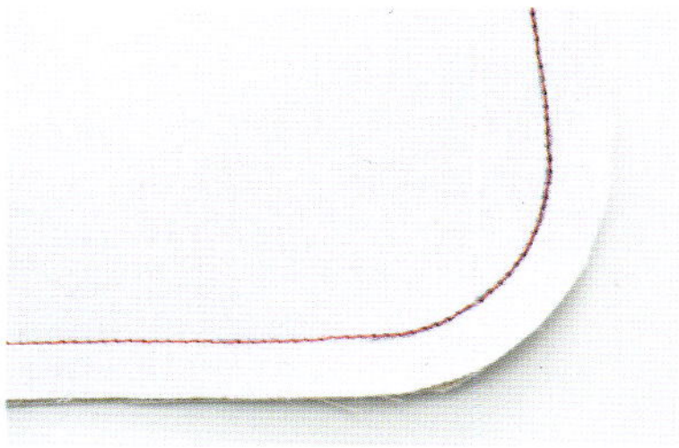
完成。

◆止点止针车缝

在车缝针目施力过大容易造成绽开的部位使用，可让针目更坚固紧密。

◆双针车法（使用A或F脚。请参考P40、P41）

更换双针时，务必先关掉电源，应使用#60以下的细线，双线一定要分开穿线，才不会扯在一起，记住先试缝后再正式车缝。

A脚中心沟槽对齐欲车缝的线，车线分左右两侧。

再分别穿入左右针孔。

先在布上试车，决定所需针目大小。

也可用不同颜色、花样的模式来车缝变化。

布边的做法

沿着花样车边剪下，不需收边，直接就能完成漂亮的布边。

◆抽褶的方法

以最大针目车缝一道，头尾不可回针。

抽其中一条车线，拉至需求皱褶松紧度或长度。

◆布料厚薄差异过大时，如何车得漂亮

当一厚一薄的布料要车合时，因有高低落差，因此要调整压布脚的位置，才能车出漂亮紧密的车线，让作品更加牢固美观。

调整车法前，车线不服帖。

调整车法后，高低落差处也能车得紧实。

先将车针插在缝纫开始位置的布料中。

将压布脚抬高，并将它往前按平。

压住A脚右侧的黑色按钮。

再放下压布脚。

将手移开黑色按钮，开始车缝。

压布脚种类及应用

◆万用压布脚（A脚）

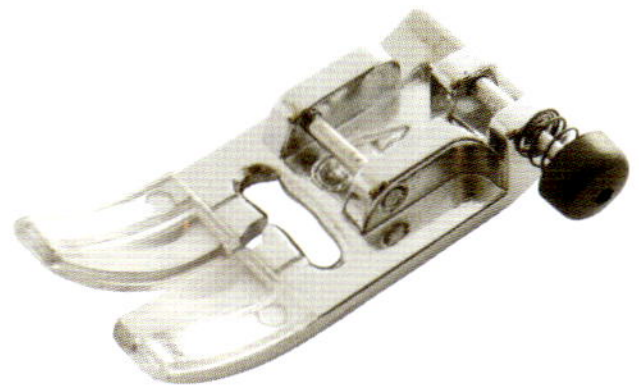

一般用在基本直线车缝。

如何使用压线导缝器 ▶▶

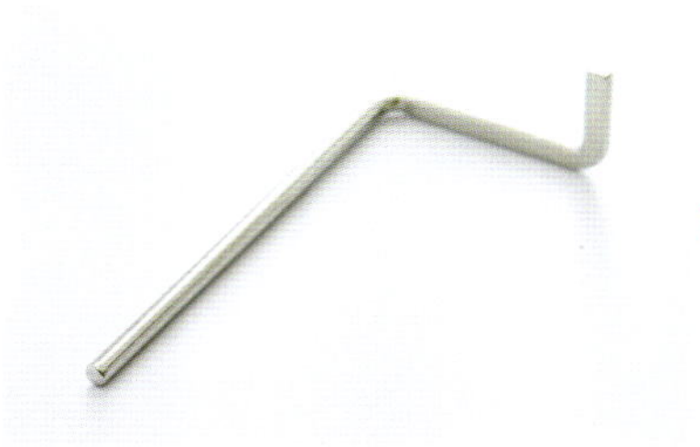

压线导缝器是压线的辅助工具，可用来对准已车缝的线条，车出一样间距的压线。

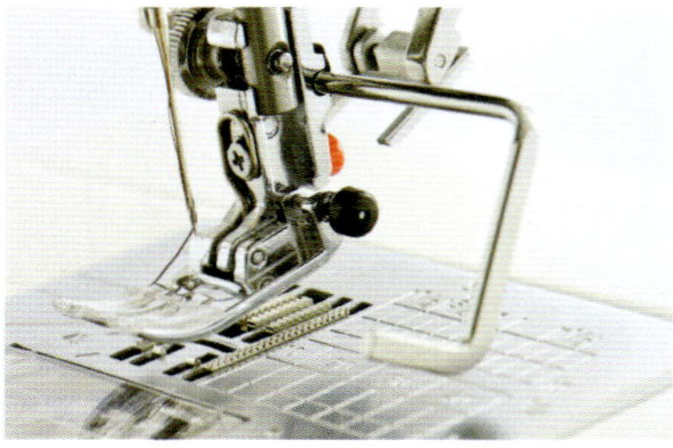

将压线导缝器插入沟槽中。

可依插入深度调整想要的间距，车缝时眼睛要看着导缝器对准车线位置。

完成间距相同的压线。

◆布边缝压布脚（C脚）

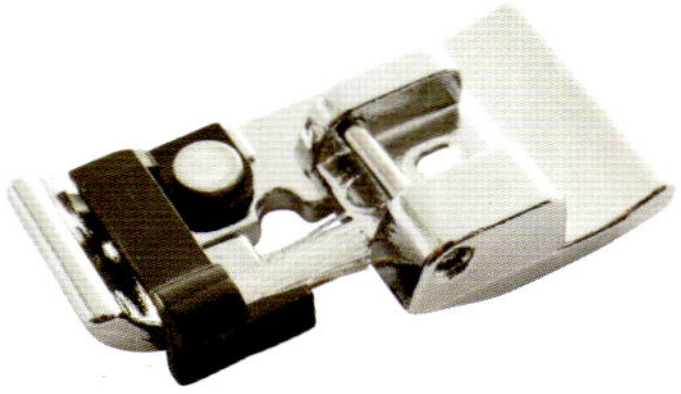

适用于车布边及贴布，压布脚上的刷毛能避免漏针。车缝幅度建议设定在5.0～7.0，注意针不要插到压布脚上的导针。

正确车缝位置 ▶▶

压布脚的黑色挡片对齐布边。

黑色挡片超过布边太多，车线无法包覆布边。

花样调至Z字形花样。

▼可依需求调整针趾的幅度及长度，做出不同效果。

◆直线缝压布脚（O脚）

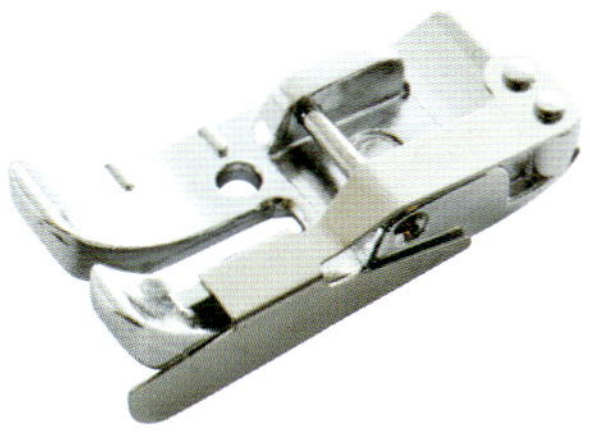

适用于拼布车缝，压布脚上的引导板可车缝出0.7cm的缝份。

如何车出直线 ▶▶

将布对正后，轻轻靠住压布脚的导引板即可车缝。

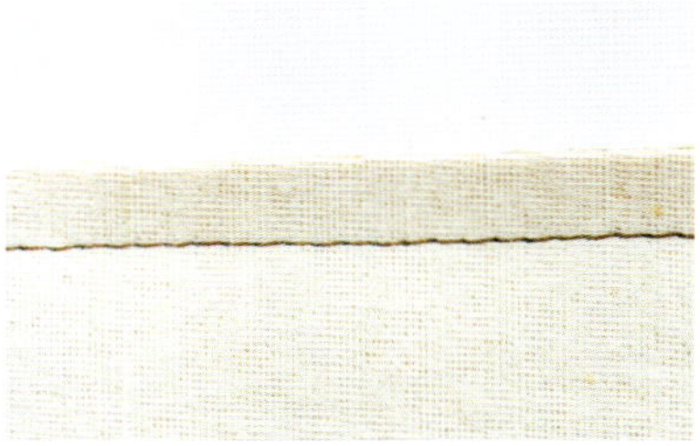

可迅速精准地缝合0.7cm的缝份，多用于快速拼布机缝时。

◆密针缝压布脚（F脚）

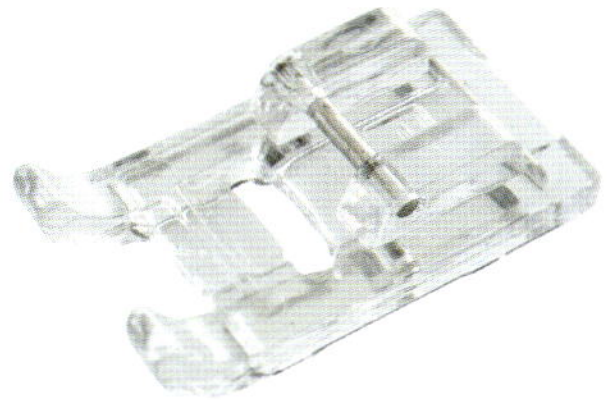

适用于贴花缝，将欲贴上的花布先疏缝或利用奇异衬粘贴在表布背面上。

＊转弯或方向改变时先停止车缝，按下针位上下调整钮让针落在下方的位置，转变方向即可平顺地车缝。

贴布绣的方法 ▶▶

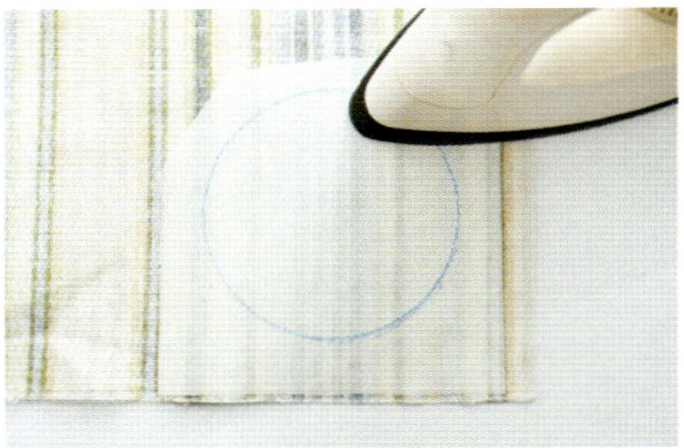

在纸衬上画出图形，熨烫在布的背面。

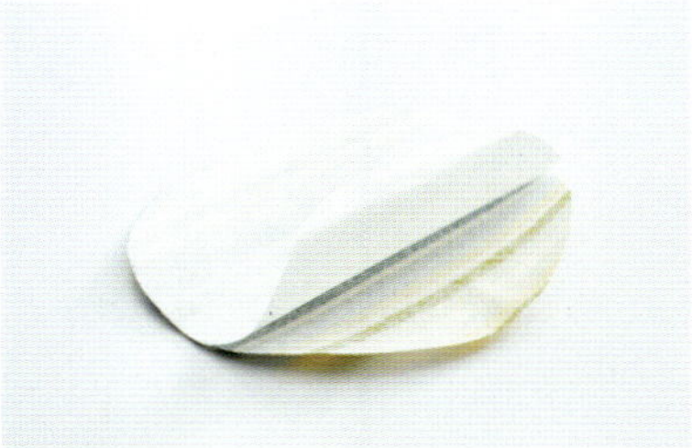

将贴布图形剪下，撕开纸衬。

将贴布烫在布上。

注意压布脚的凹槽要对准布边。

上线张力调小，落针点在贴布右方，将压布脚上的狭缝沿着贴布边缘车缝。

试试不同的车缝花样，即可做出最适合的效果。

◆拉链压布脚（E脚）

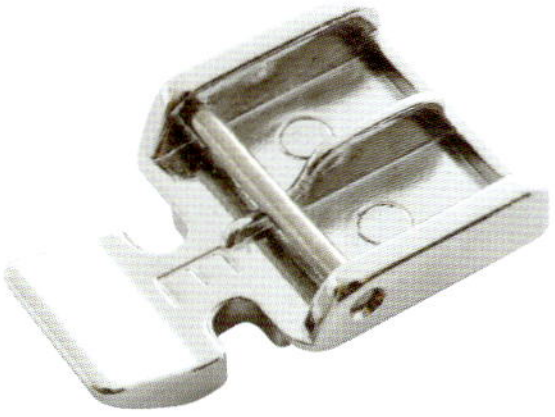

缝左边时将压布脚沟槽扣在压布脚右侧的夹针上，反之则扣在左边。

拉链车法 ▶▶

确认开口尺寸（拉链长度加1cm）。

先疏缝，把针目调到最大、按调整针目钮。

将下面的布料缝份多留0.3cm作为拉链拉合后的缝份留白，并用熨斗烫出折线。

将折线靠紧拉链齿。

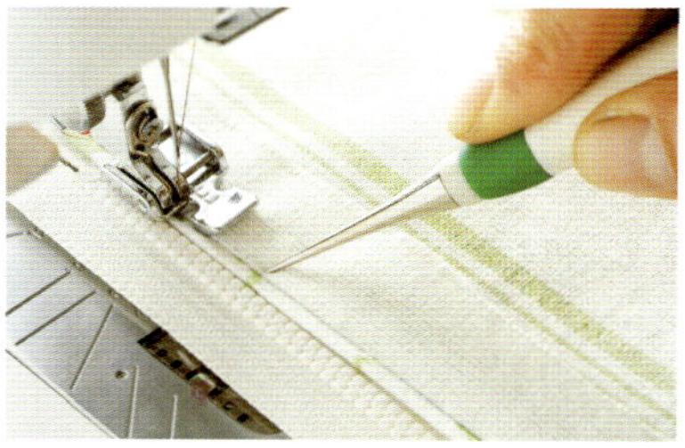

将压布脚脚胫凹槽扣在E脚左侧，让拉链齿靠紧压布脚的侧边。

车到拉链头时，将车针落下。

压布脚抬起，拉链往后拉再继续车完。

一直车缝到开口的底端。

将压布脚脚胫凹槽扣在E脚右侧，先车缝拉链顶端。

再转弯车缝侧边，为了表面好看，不用回针，而以自动锁针缝钮来加强固定。

车至一半后拆疏缝线。

将拉链拉开，继续车缝。

车缝到底并回针加强。

完成的样子。

拉链拉开的样子。

◆曲线压布脚（P脚）

适用于自由曲线压缝法或刺绣。上线张力须调整到数值较大的方向，车缝时须将送布齿降下。

曲线车缝的技巧 ▶▶

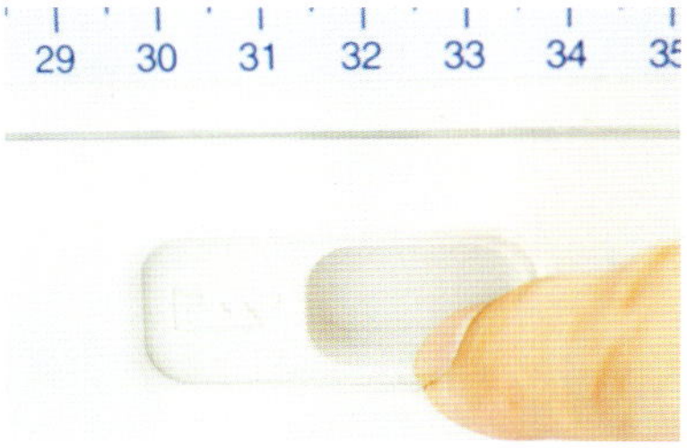

将送布齿调整钮往左拨，让送布齿下降。

正常送布齿的样子。

送布齿下降的样子。

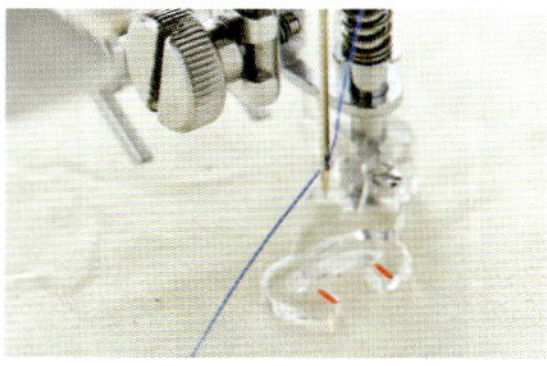

换上P脚。

》

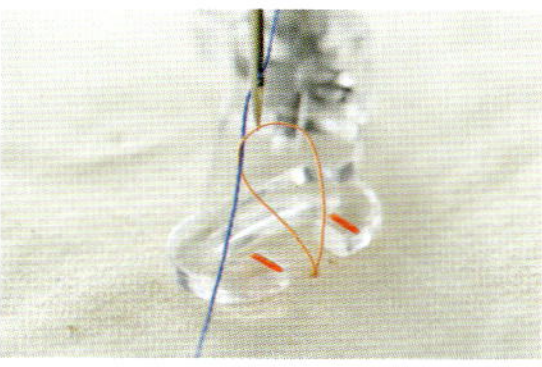

一开始要先引出下线再开始车缝。

》

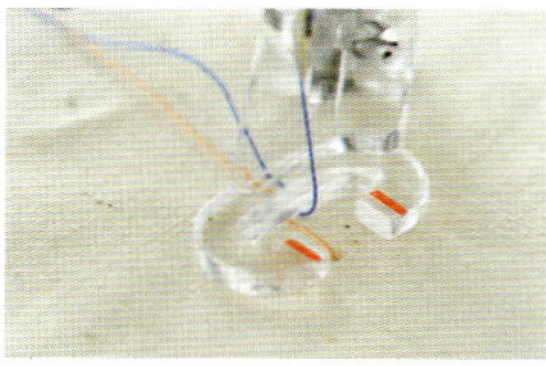

上下线往后拉平。

》

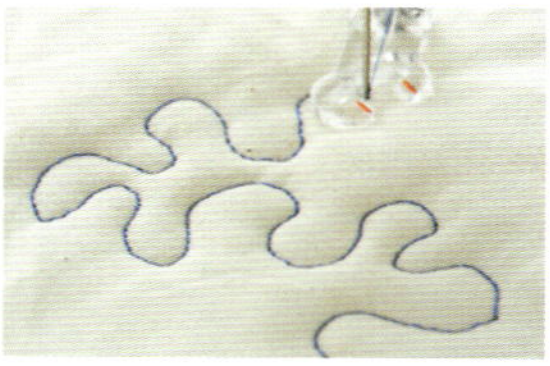

双手轻放在布上，自由地左右推送转动布料。

Point!

弯曲花样车缝时，必须用两手控制缝布的方向。车完后要将缝布拉出时，切记不可往前侧拉出，否则容易造成针弯曲或折断。

另一种车缝用法

变换Z字形花样。

》

随性车缝花样或数字。

◆暗针缝压布脚（G脚）

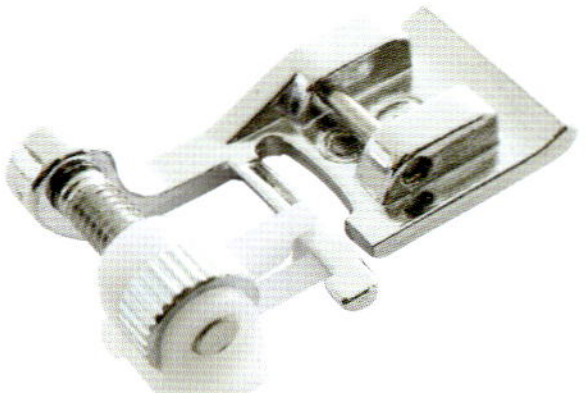

右侧螺丝可以旋转，调整成想要的宽度。

正确车针位置 ▶▶

将布料放在车针向左时刚好会碰到折叠的位置，让导引板靠紧折叠，车缝时不要让车针偏离折边（利用车缝幅度调节钮调整落针位置）。

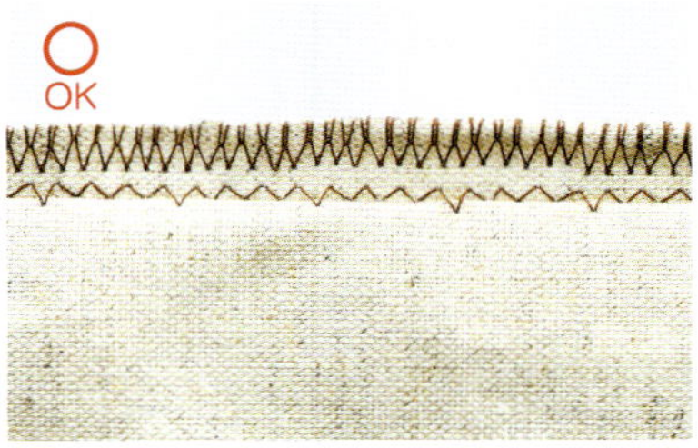

暗针缝正面的样子，只会看到一点小线段。

另一种用法：褶饰缝 ▶▶

转动导板螺丝，让导板靠紧折边处后再开始车缝。

◆开扣眼压布脚（R脚）

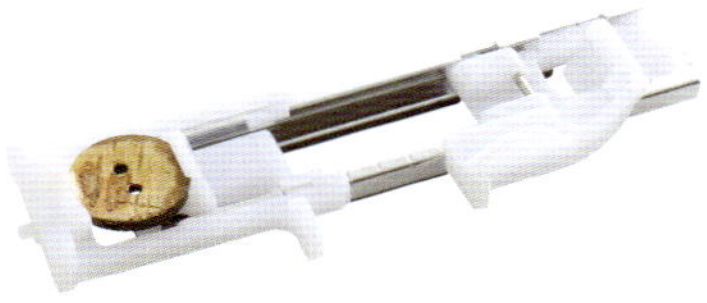

可放入各种尺寸的扣子，压布脚装上后，缝纫机会自动感应扣子尺寸，再选择想要的扣眼花样即可。

如何使用开扣眼压布脚 ▶▶

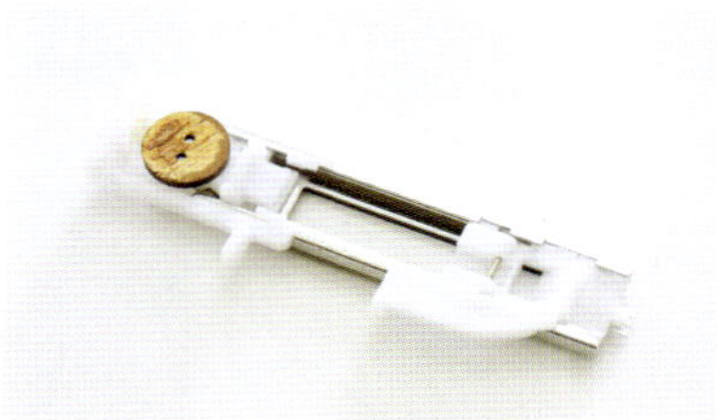

将扣子置入开扣眼压布脚后方的纽扣座。

夹紧纽扣座。

脚胫凹槽对准压布脚栓。

放下压布脚。

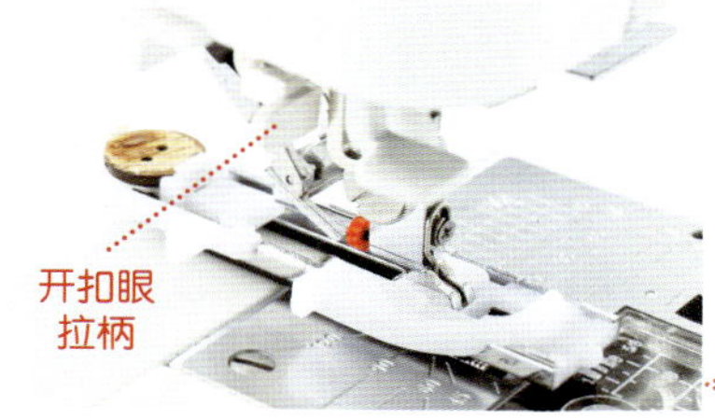

完成组装的样子。

Point!
将开扣眼拉柄
向下拉到底。

取下压布脚时，按红色脚胫按钮。

◆均匀送布压布脚（上送料压布脚）

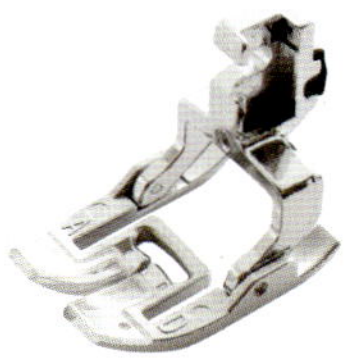

适用于车缝铺棉，可防止布料滑动或起皱。

车缝重点 ▶▶

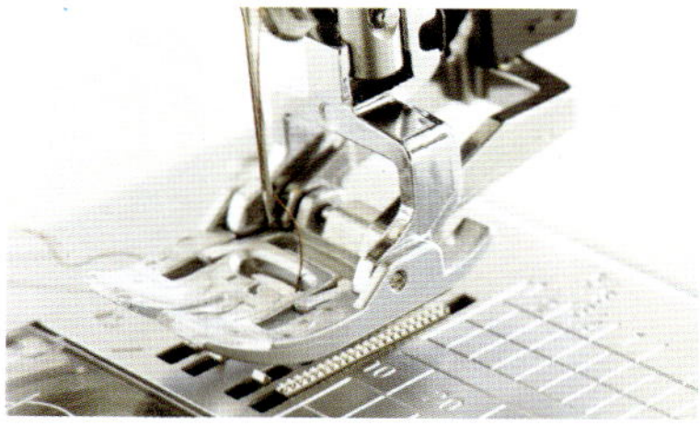

车缝时先将送布齿升起，才能抓住铺棉布料。

加上压线导缝器使用 ▶▶

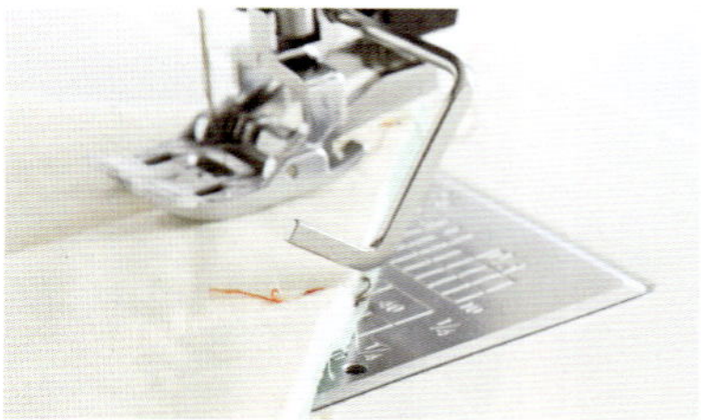

也可加上压线导缝器车缝，针目建议调大至3更能车得漂亮。

口袋的四种做法

◆一字形口袋

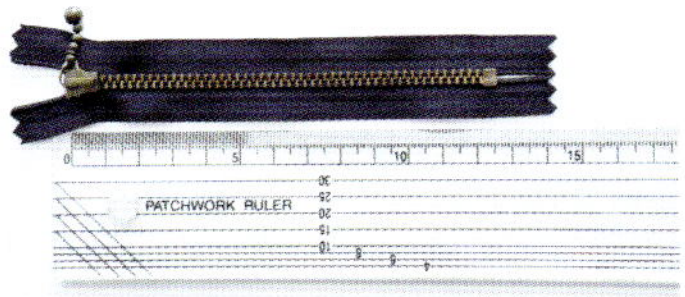

先实际量出拉链两端长度。

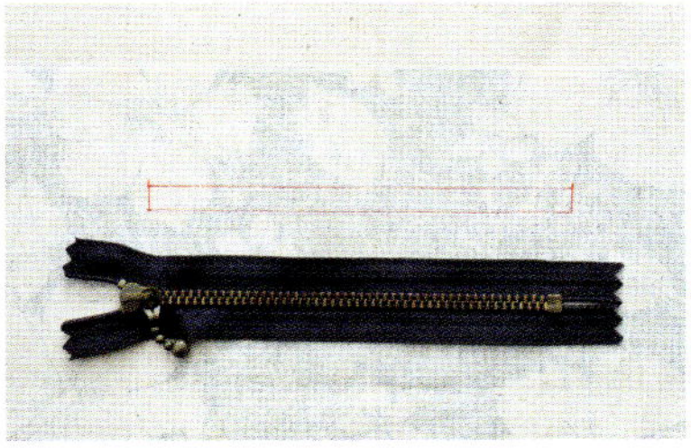

在布上画出宽度0.7cm的长方格。

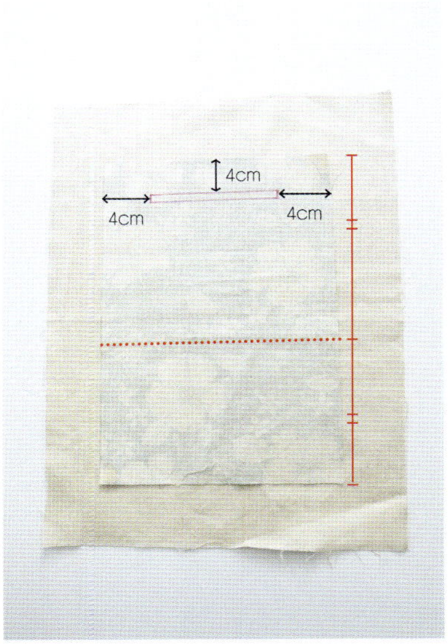

三边各加4cm。

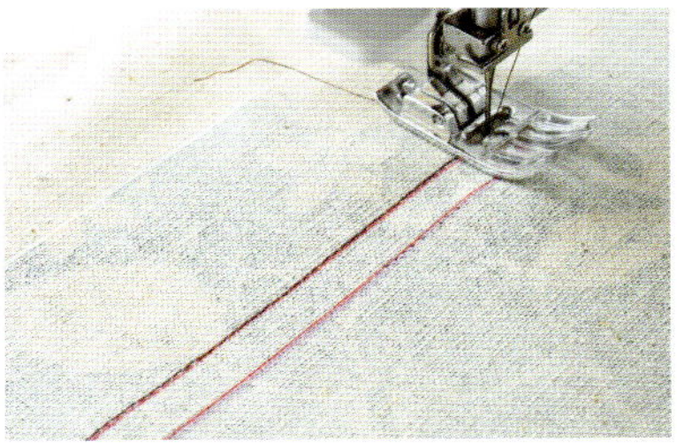

沿线车四边，记住四个角都要按止针，避免脱线。

画出剪线位置。

中间剪开。

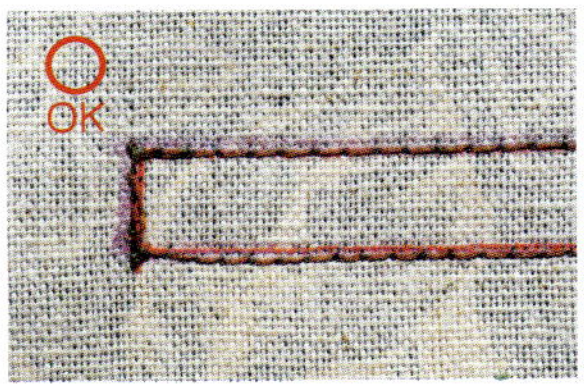

正确车出的转角。

正常翻出的样子。

车线超出转角。

因车线超出，所以角会翻不开。

翻面之前先以骨笔刮平，再烫平，口袋翻过去才会漂亮。

另一边也刮平。

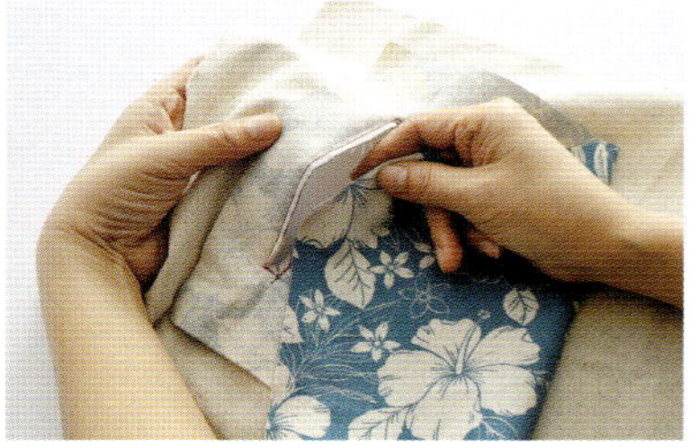

翻面。

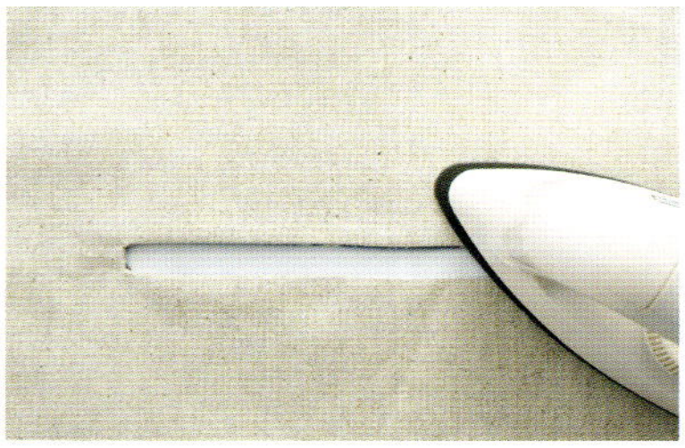

将四边烫平。

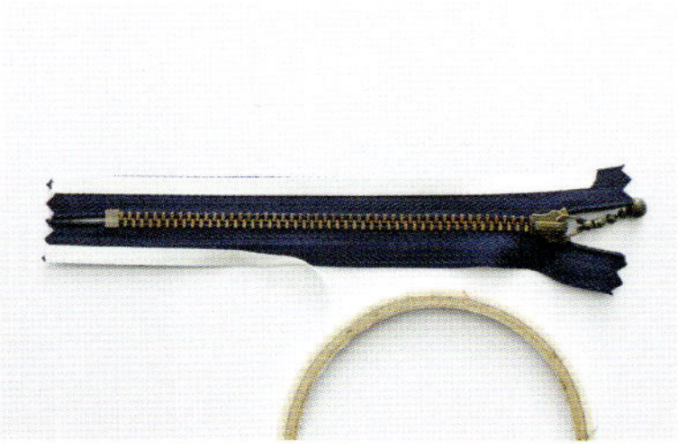

拉链两侧靠布边贴上双面胶，注意不要贴在靠拉链侧，避免车针黏着。

先撕开一边贴到布上。

看看拉链有没有对正。

再撕开另一侧贴平。

换上E脚（专用压布脚已有高度，可再依不同情况调整车针位置，决定车出的距离）。

车至拉链头前，先将压布脚抬起，拉链拉开。

车过转角后一小段，再抬起压布脚，拉上拉链，继续车完。

车好后反面的样子。

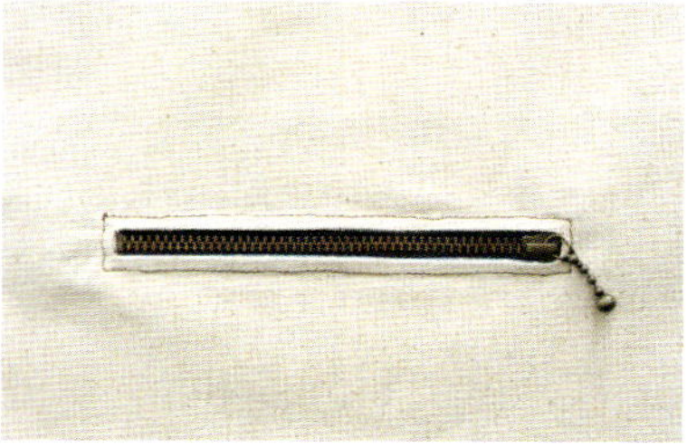
正面的样子。

接着口袋布对折。

三边缝份1cm画线，车三边。

完成。

Point!
拉链每一家尺寸都有些许差异，建议制作时还是要实际测量，才不会因误差而影响成品的完美度。

◆一字形折边口袋

中间做法与上面一样，翻过去后注意折边的方式，才能在正面露出布边。

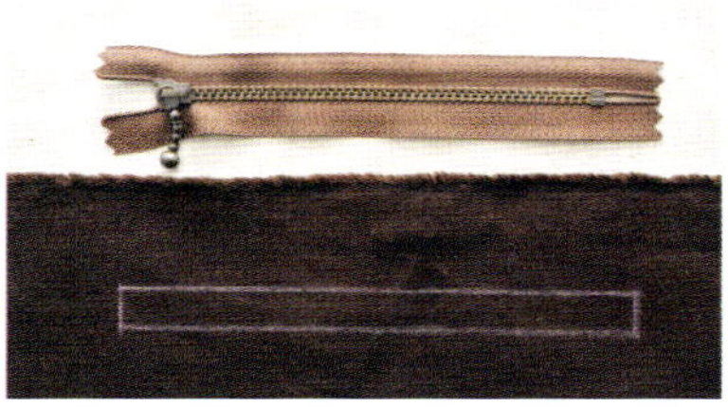
开口框宽为1cm。

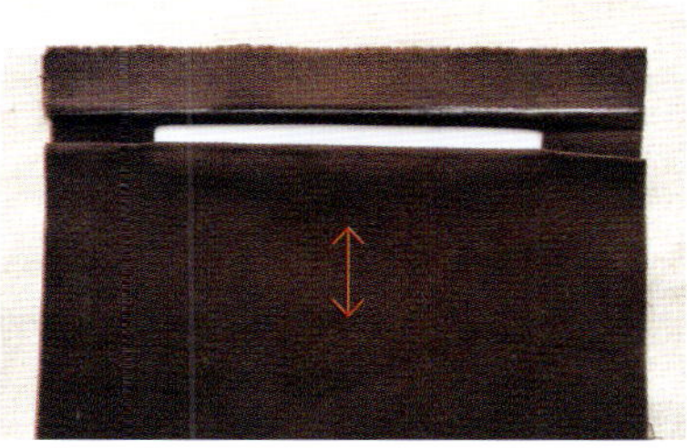
拉链开口上下各往内折烫0.5cm。

背面折烫整齐。

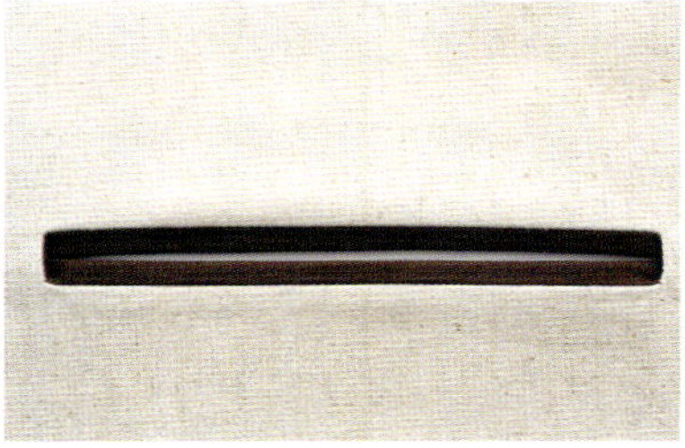
正面补烫整齐。

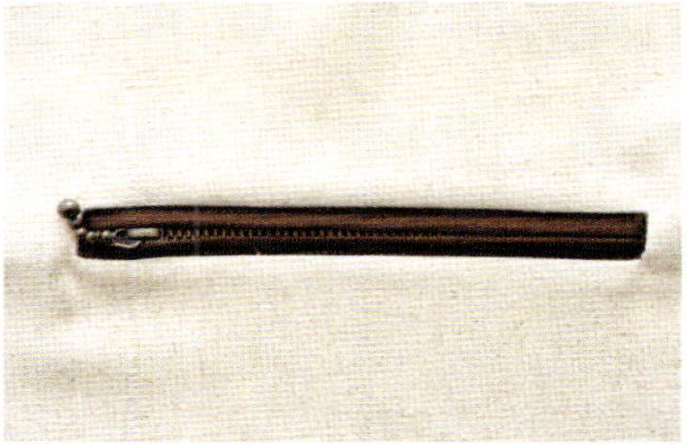
车缝拉链。

将背面口袋布车缝起来。

一字形折边口袋的另一种形式

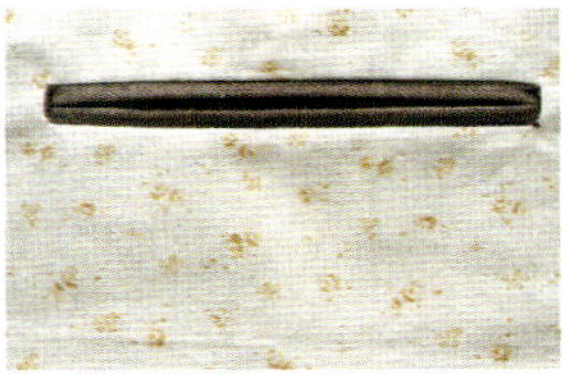
同样做法如果不加拉链，直接将口袋车起来，又是另一种形式；正面开口处要压线才会牢固。

◆上端有袋口布的口袋

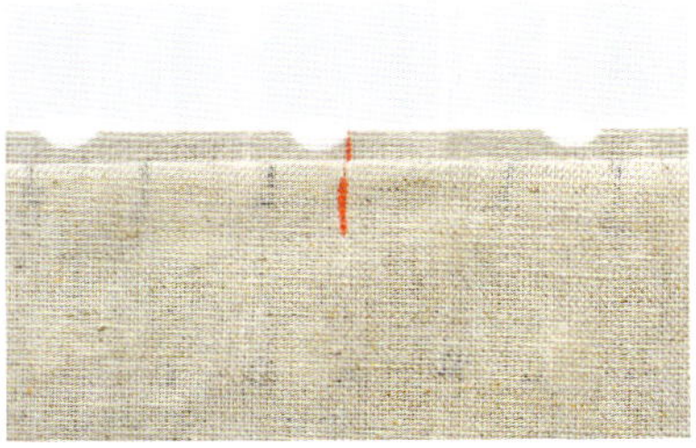

两布正面相对，先对出中心点。

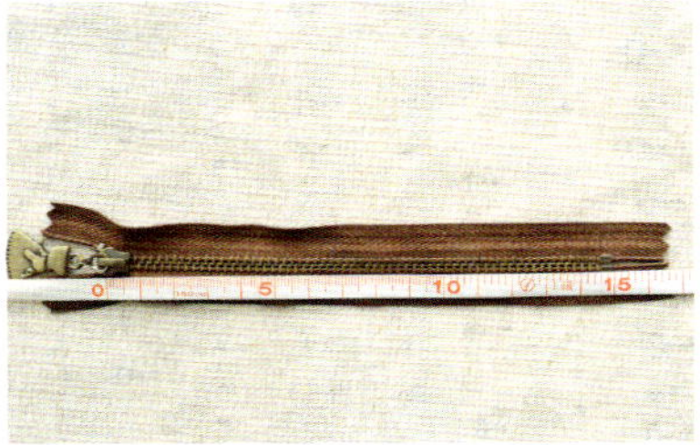

接着量出使用拉链的长度。

＊每家拉链的长度多少有误差，建议还是量一下比较准确。

在布上画出ㄇ形（拉链长度、宽度2cm）。

沿线车缝。

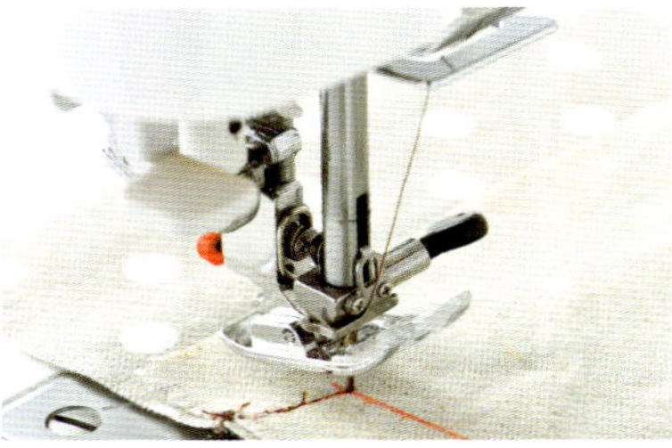

车到转角时，按回针钮，让针在定点多车几针，加强固定，再按安全针位，让针落在转角点上再转弯，布才不会移位，继续车完。

剪出缺口。

两角剪牙口。

翻面后整烫。

拉链下端贴上双面胶。

贴到布上，车ㄇ形。

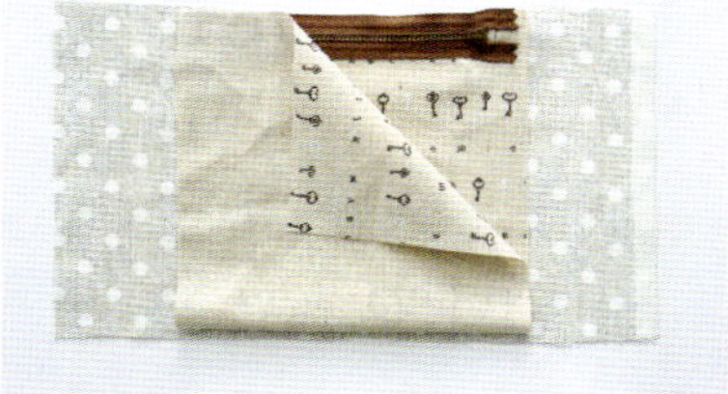

翻到另一面，将口袋布对折。

车两边（只车口袋布，不要车到底下的表布）。

另一长条布上端先画出0.7cm，与下布车缝。

翻面整烫。

上方再压一道线即可。

不加拉链就是另一种口袋形式。

◆贴式口袋

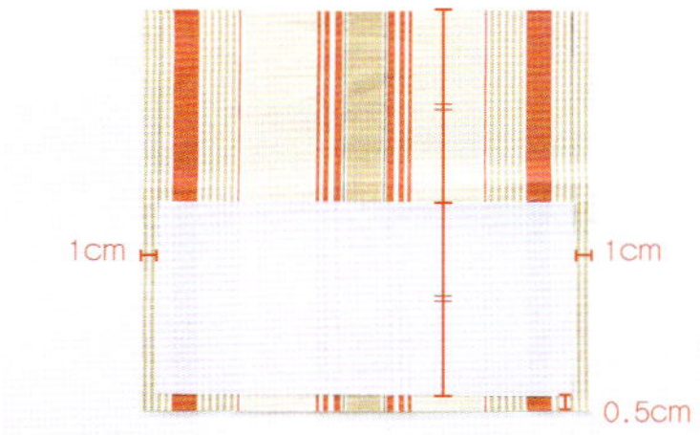

布正面贴单边衬，在口袋布正面贴衬。

将布对折两侧车缝。

翻到正面整烫。

上端开口处车一道装饰线（也有加强作用）。

Point！

用O脚可让这道车线更直更漂亮。

先烫出口袋折份。

Point！

如果是用条纹布，就可事先预想折线的位置，做起来会更好看。

各压一道线在褶子上，更加定型。

下端褶子先车一小段固定。

将口袋以珠针固定在里布上。

沿布衬边缘车缝。

往上翻后整烫，下端压线。

中间车隔间线。

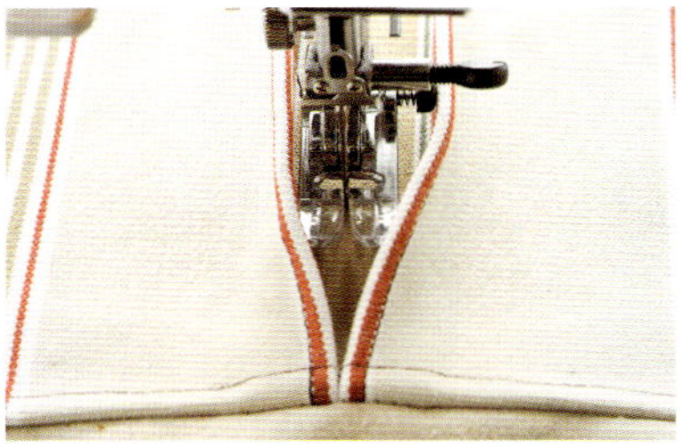

将褶子拉开车至一半。

压布脚抬起将褶子合起，再继续车完。

两侧也车缝固定。

Point!

角落及中间线上端再车上加强线（选择车线缝缀的花样，来回1.5cm）。

常见问题及排除方法

缝纫机的使用过程中，难免会出现各种小问题，
先了解导致问题的可能因素，才能针对它找出解决方法。

◆车针断了

- 车针安装错误或车针弯曲变形。
- 螺丝未锁紧。
- 车针与布料厚度不相符（车针过细）。
- 压布脚与车线花样不对应。

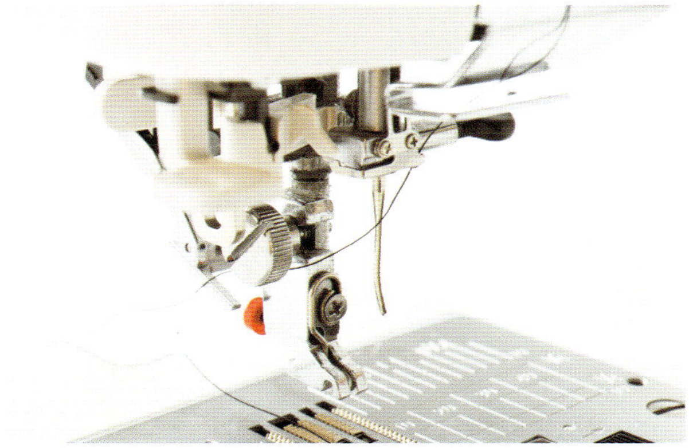

◆跳针

- 车针与使用的布料不合。
- 上线穿线错误。
- 车线太细（与布料不合）。
- 车针上粘到胶带（可用酒精去除）。
- 布料厚薄悬殊。

◆产生噪声

- 上线穿线错误（如漏穿挑线杆）。
- 梭壳内卷入过多的线头。
- 送布齿中夹杂过多的灰尘。
- 底线放反。

◆上线断线

- 上线穿线错误，造成车线在其他地方卡紧断线。
- 上线张力太强。
- 车线与车针不相符（过粗或过细）。
- 针头断裂或弯曲变形。

◆下线断线

- 下线穿线错误。
- 梭子破损。
- 梭壳内堆积过多布屑。

◆布料起皱

- 上线张力太强。
- 上下线安装方式错误，造成车线无法顺利拉出。
- 与布料比，车针过细。
- 车缝密度过于松散。

◆布料反面出现线圈

- 上线张力太弱。
- 与车线相比，车针过细或过粗。

CISEAUX de TOUS MODÈLES
PETITS MODÈLES · A BRODER
BRODERIES

PART 3

做出最想要的布作吧

缝纫机的应用千变万化，

巧妙融合各种技法，试试不同的操作组合，

做出精巧又时髦的生活布作再也不是难事！

彩色笔袋

将长布条以翻车技法接合，一气呵成的直线车法并不难，更能享受布色的各种组合乐趣。
可爱的格纹滚边、英文字贴布、卷绳包扣，种种细节搭配，
都能呼应这件作品的用途以及富有趣味的设计感。

▲成品尺寸：30cm × 20cm

主要材料

- 素麻表布：20(1)cm × 30(1)cm × 1片

注：（1）指留缝份1cm

- 素麻里布：10cm × 38cm × 1片
- 印花布条：4cm × 35cm × 15片
- 滚边布：50cm
- 双胶棉：25cm × 35cm
- 圆形布片：自剪数种

◆技巧重点

利用双胶棉与布贴合，再以翻车技法接合，自然能车出立体感。

做法

1. 制作内侧笔袋

将双胶棉烫到坯布上。

先烫上第一根布条。

▼注意熨斗不能碰到双胶棉，不然胶会粘到熨斗上。

换上均匀送布齿，接着将第二根布条与上一根布条正面相叠，车缝一道。

Point！
车较厚的铺棉时，针目记住要放大，车出来布料才会平整，避免上下布因送布不均而有拉扯现象。

翻至正面整烫固定。

依序完成所有布条。

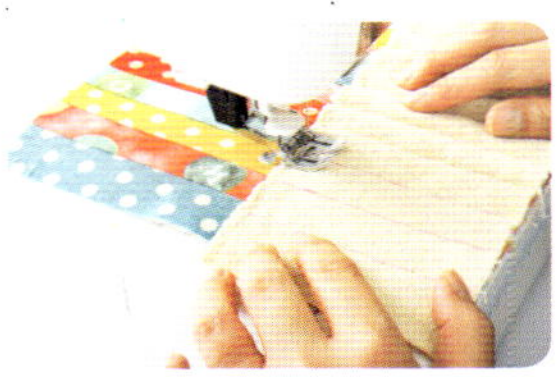

在素麻里布上画出宽度约2.3cm的间距，记号线对齐布条的车线，车缝固定。

车好所有隔间。

2. 制作表布及接合

在圆形布片背面贴上奇异衬，烫在素麻表布上。

＊贴布绣做法请参考P41

再以自由曲线车出随性线条。

两布背面相对，四边疏缝。

▲调到最大针目疏缝，滚边时里外布不容易走位。

滚边即可。

＊滚边做法请参考P69

笔袋内侧以鲜艳印花布与素麻布相衬，缤纷的色彩感富有童趣。

正面贴布以自由车线做出气球造型，随性的线条能随着想象力而更多发挥。

细褶短帘

简易的车褶技巧，能为布料带来更有质感的变化却不过于花哨，只要注意车褶时以同一方向，便能车出漂亮的褶子。

因为布料轻软，所以两侧收边时夹入织带，能使帘子的垂坠感更好，底边则直接保留原有布边，略微的虚边感更添自然风味。

▲ 成品尺寸：145cm × 60cm

利用凸褶手法，能为平面布料创造简单的立体质感。

主要材料

- 印花麻布：55cm × 178cm × 1片
- 素麻布：22(1)cm × 145(1)cm × 1片
- 2cm宽薄棉织带：60cm × 2条

◆技巧重点

· 暗针缝压布脚（G脚）的用法。
· 简易的压线效果。

做法

1. 在布上烫出褶子 ▸▸

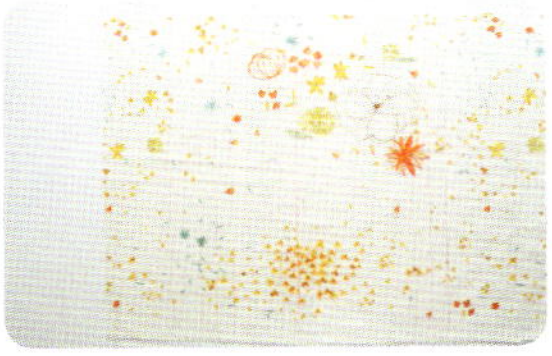

先在印花麻布上以适当间隔画出想要的褶子宽度。

照着画好的记号线烫出折痕。

调整压布脚上的螺丝到想要的宽度，对齐布折烫的边缘车缝。

2. 两侧收边 ▸▸

布边折烫1cm。

叠上织带，边缘车缝两道线固定（车线离布边约0.2cm）。

Point！
因为布料轻薄柔软，夹入织带可以增加窗帘垂度。

正面车线的样子。

素麻布与花布正面相对。

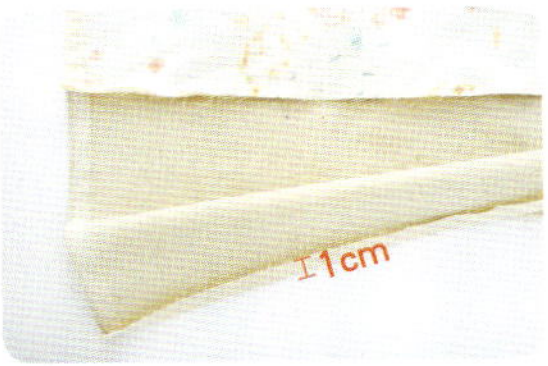

素麻布两侧折烫1cm并压线，上端1cm处与花布车合，下端折烫1cm。

对折刚好盖住与花布的车合处，压两道线。

在适当间隔压两道线，中空为穿杆子的空间。

延伸做法

与褶子垂直，
以同方向及反向分别车几道线，
即可让褶子呈现波纹状，
让布品表情更为生动。

棉麻宽裤裙

制作衣物时，常会遇到布边拷克的问题，
在这件裤裙作品中，要示范如何利用缝纫机的功能车出拷克。
除此之外，裙头的抽褶做法也是非常实用的技巧之一，
依作品的款式，调整皱褶的松紧以及落点，
能让衣物穿起来有更佳的修饰效果。

▲ 成品尺寸：73cm（L号）
155～165cm身高适用

主要材料

用布尺寸参照附录纸型（有两种尺寸M号和L号，缝份外加1cm）

- 棉麻布：200cm
- 1cm宽松紧带：100cm
- 蕾丝：70cm × 2条
- 裙头布：4(1)cm × 96(1)cm × 1片（M号）
  4(1)cm × 100(1)cm × 1片（L号）
- 绑带布：4cm × 140cm

◆技巧重点

利用布边缝压布脚（C脚）拷克的方法。

做法

1. 依板型裁布

先依板型画出前片，注意布要对齐格子花样，剪之前以珠针固定，避免布料错开。

在布的正面做个记号，方便车缝时分辨布片前后；后片以一样做法剪下。

再剪上片（裙头布前片及后片），注意布要对齐格子。

Point！
折双处刚好为格子对折中心，让布片对称更好看。

将布片打开即为上片。

2. 裤裆车缝

先将裤裆弧度处车起。

换C脚，布边车拷克。

3. 抽皱褶、与上片接合

▼两道车线分别离布边0.5cm和0.7cm，以最大针目疏缝。

抽皱褶，车两条线，注意头尾都不回针。

拉住两条线头抽褶（同时拉上线或下线皆可）。

Point！
两端线头轮流抽拉，会拉出较均匀的皱褶，也不会拉到一半断线。

拉至与上片长度一致。

以珠针固定，车合上下片。

Point！
注意让皱褶落在左右腿正上方，两外侧及接近裤裆处不要有皱褶，穿起来才会显瘦漂亮。

布边车拷克。

上下片接合完成。

于正面压线，注意背面缝份方向要往上。

前后片正面相对，左右胁边车缝并拷克。

4. 裤脚加蕾丝

裤脚车上一圈蕾丝。

布边拷克。

蕾丝往下翻烫平。

再压一道线。

最后将股下线车缝，拷克。

5. 开扣眼、车缝腰布

裙头布画出前后中心点，在前片贴上一个2cm×4cm的布衬加强。

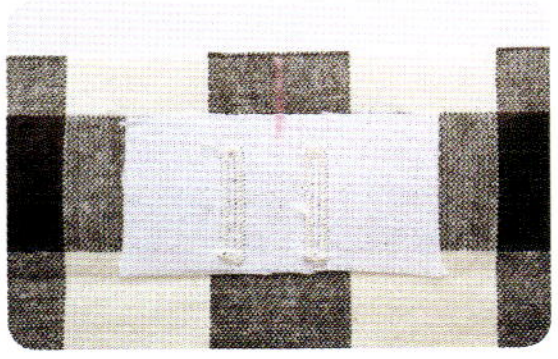

开扣眼。

裤头与裤裙的前后中心点对齐，正面相对，车缝一圈。

裙头折烫。

上下车两道线。

穿入松紧带，决定想要的宽度，画出记号。

两端以Z字形车合即可。

6. 制作绑绳

绑带布先烫折四等份。

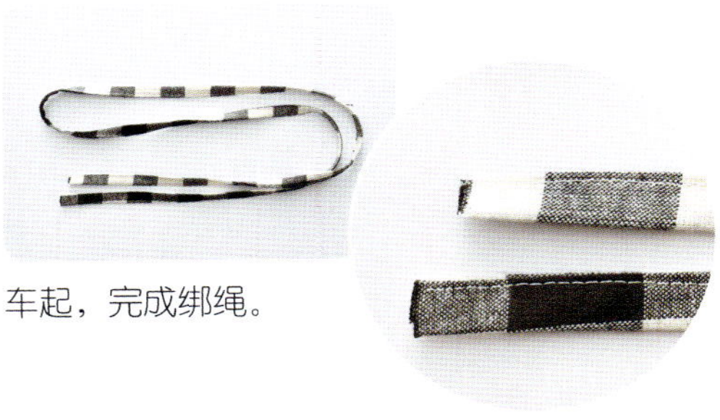

车起，完成绑绳。

最后穿入。

两用熨斗收纳袋

缝纫时不可或缺的熨斗，常会有不知如何收放的困扰，
这个收纳袋的设计，能一次满足收与用的需求。
以车线做出折线，加上四合扣就能迅速组合成袋子，
另以烫垫材质作为里袋，只要一展开放平，就能直接在上面熨烫了。

▲ 成品尺寸：55cm × 43cm

主要材料

用布尺寸参照附录纸型

- 表布：纸型A、45cm × 55cm × 1片（加特殊衬）
- 市售烫垫：纸型A、45cm × 55cm × 1片
- 滚边用布条：4cm × 220cm ⊠ × 1条
- 织带：33cm × 2条
- 扣带布：纸型B（加特殊衬）
- 提把配色布：6cm × 35cm ⊠ × 2片
- 四合扣：3组

量好熨斗尺寸，就能刚刚好收进袋里，好收又好拿。

将收纳袋展开时，立刻变成一张便利烫垫。

◆技巧重点

车缝有厚度的布料、织带、皮革、铺棉时，需使用均匀送布齿，车起来送布才会均匀。

做法

1.裁布 ▶▶

先将烫垫剪成需要的大小，量出要收放熨斗的长宽高，画出九宫格线条。

》

表布贴上特殊衬。

》

叠在烫垫上。

2.压线 ▶▶

再依记号线压线。

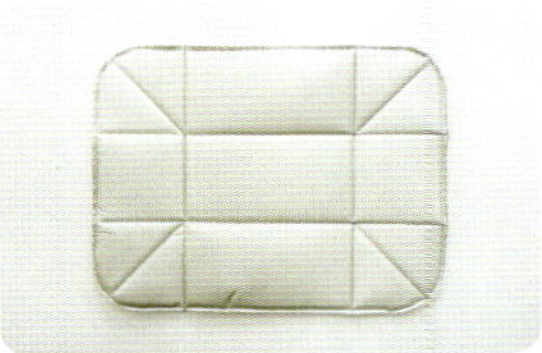

压线完成后，可固定三层布料，同时让整块布可依线折叠；四边疏缝固定。

3.提把制作 ▶▶

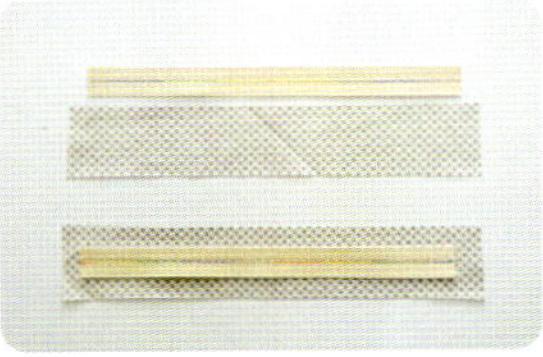

将织带放在提把配色布上，中间车一道疏缝线固定。

》

两侧布往内烫对折。

》

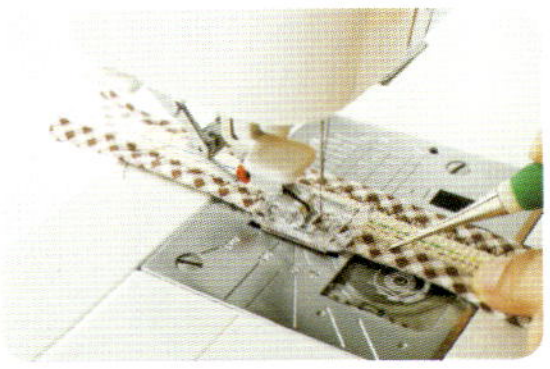

以锥子辅助，两侧车花样。

4.扣带制作 ▶▶

车好花样。

依尺寸裁好特殊衬（衬不需留缝份），贴烫在扣带布上，沿着衬外围车U形。

用返里钳将扣带翻至正面，烫平并压线。

将扣带车在左右两侧中心点。

5.滚边钉扣 ▶▶

提把背面朝上，依板型标示位置车缝固定。

将滚边用布条沿着本体四周滚边。

最后以藏针缝完成滚边。

依图所示钉上四合扣。

＊四合扣钉法请参考P19

完成。

缝纫小物壁挂

在这件壁挂中，运用了滚边、压线、口袋折烫等技法，
并加上有趣的图案车线以及功能性的鸡眼扣。
只需学会滚边的制作诀窍，特别注意转角弧度的车法，
以及起头收尾的方式，就能依此类推，将这些技法用在想做的布杂货上。

▲ 成品尺寸：33.5cm × 38cm

车缝图案的设计，从表布延伸到口袋上，是增加设计感的小心机。

口袋加上鸡眼扣，放入线轴让线穿出，抽取使用时十分方便。

主要材料

- 表布：35cm × 45cm ↕ × 1片（加双胶棉）
- 里布：35cm × 45cm ↕ × 1片
- 上口袋条纹布：24(1)cm × 59(1)cm × 1片（加厚布衬、衬不留缝份）
- 下口袋条纹布：20(1)cm × 59(1)cm × 1片（加厚布衬、衬不留缝份）
- 滚边用布条：4cm × 170cm ⊠ × 1条

◆技巧重点

· 使用均匀送布压布脚。
· 压线导缝器的用法。
· 用布条滚边的方法。

做法

1. 车出45° 角压线

先烫表布要加的双胶棉，底部可先剪稍大一些，最后再来裁剪合适尺寸。画出两条基准线。

Point！
有铺棉时，建议使用锯齿滚轮状笔，比较容易在布上标示记号。

车压线时，每条线段的车缝方向要一致。

压线时，让压线与布纹成45°角，做出来会最好看。

2. 制作口袋

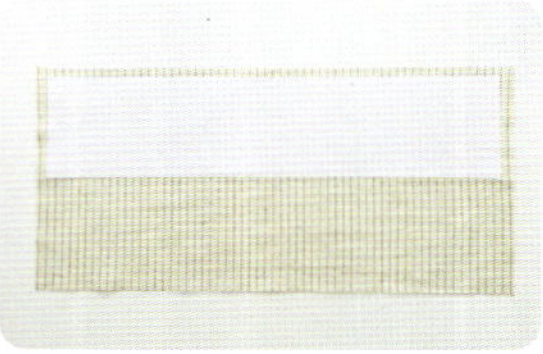

口袋布贴单边衬，衬不留缝份；正面相对对折后，车缝长边，由两侧翻至正面。

上端再压一道线。

在布上画出口袋位置，对准中心点。口袋先车出分隔线，烫折出深度，压线。

袋底压线固定口袋。

完成上下口袋。

3.滚边做法 ▶▶

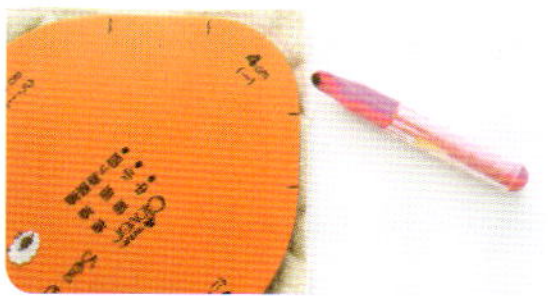

利用弧度型板在角落画出想要的弧度。

四角剪出弧度。

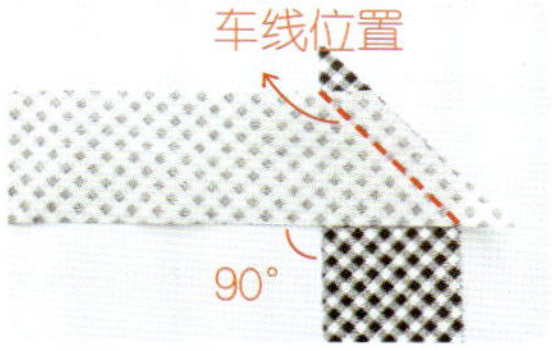

准备滚边用布条，正面相对，叠合处车一道固定。

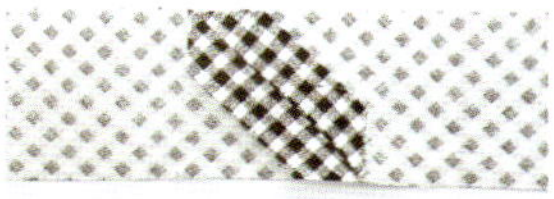

缝份烫开，剪去多余布角。

布条正面的样子。

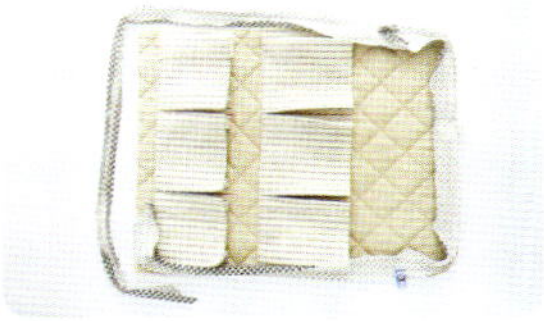

Point!

滚边时，因为布条较长，一定会有接合点，所以可先量量看，决定起头位置，让接合点刚好落在不显眼的地方，才不会影响作品美观。

布条前端预留约6cm不车，先车一小段至记号点。

Point!

记号点要离两端布边1cm。前端预留布条是为了在最后收尾接合时比较漂亮。

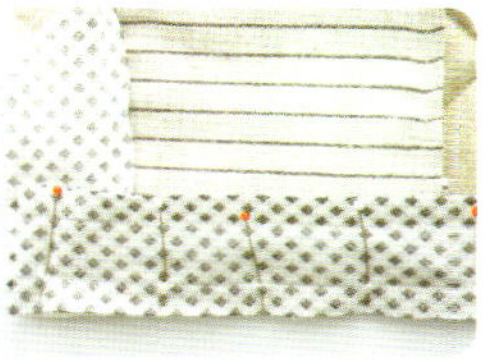

滚边至转角处，沿着布边折出直角，以珠针固定。

如果是有弧度的转角，则顺着弧度边缘固定即可。

*注意不要过度拉扯布条，以免滚边后变形。

4.滚边收尾 ▶▶

将布条沿边珠针固定一圈，注意弧度角与起始角的折叠方式，车一圈。

头尾相接处先画出记号线。

车缝记号线。

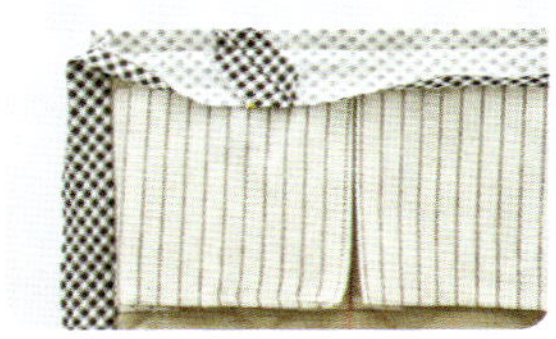

将缝份烫平，剪去多余布角，再将此段补车起来。

另一面以藏针缝缝完整圈。

棉絮收集袋

缝纫过程中常会有线头、碎布散落，
只要有了棉絮收集袋，随手一扫，就能让桌面保持干净。
这件作品小而精巧，以有重量的铝板，让袋子能固定在桌边；
再以各式车线加上缎带，为袋身增加装饰感；
挡板上也有针插等实用设计，是件让人好想拥有的必备缝纫配件。

▲ 成品尺寸：23cm × 20cm

主要材料

- 袋身防水麻布：46(1)cm × 25(1)cm ↕ × 1片
- 扣眼布：3cm × 8cm × 2片
- 黑色系缎带：30cm × 2条
- 黑色系缎带：20cm × 1条
- 纽扣：4颗
- 挡板布：20(1)cm × 10(1)cm × 2片
- 铝板：1片
- 铺棉：20cm × 20cm

桌面上的挡板附有迷你针插，另在缎带上车出隔间收放工具，是贴心的使用设计。

缝纫机有各种车线花样，不同搭配各有巧妙。

◆技巧重点

· 善用各种车缝花样，使用密针缝压布脚（F脚）。
· 加入铝板增加重量，让袋物能刚好挂放在缝纫机侧边，方便使用。

做法

1. 车出花样 ▶▶

先将缎带放在袋身防水麻布上，画出车缝位置。

缎带两侧车缝固定。

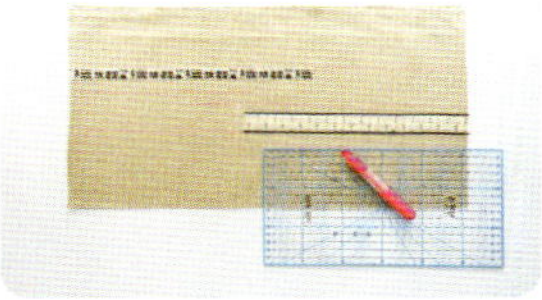

继续画出其他车花样的位置。

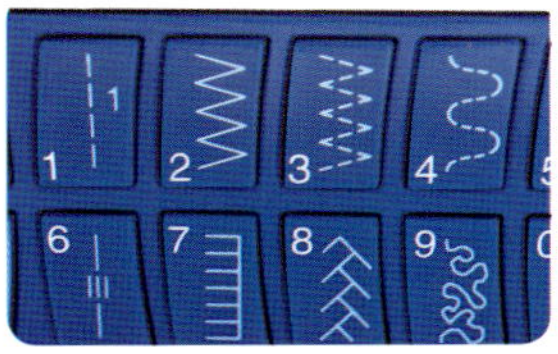

选择花样。

注意F脚的箭头要对准画好的线。

F脚的用法

依车线花样判断对准方式，因为这个压布脚是透明的，所以能清楚看到车线的样子。

如果是左右车的花样，就要对准箭头才是中心点。

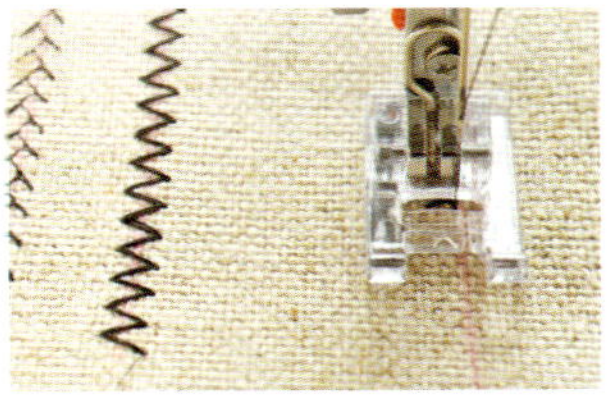

若是单边车线，则要对准沟槽。

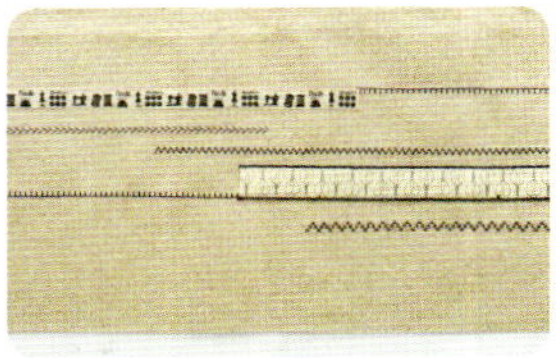

车好所有花样。

2.缝纫机拷克

换用C脚，按锯齿形花样，车缝一边。

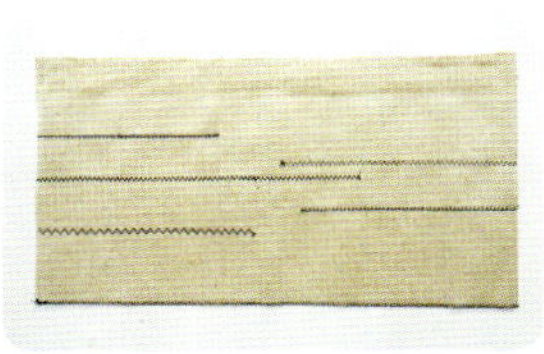

花样车好背面的样子，下方布边拷克完成。

3.折边叠缝

袋身布正面相对对折，离布边0.7cm画一道线。

沿线车缝。

将另一布边往内折，刚好包覆缝份。

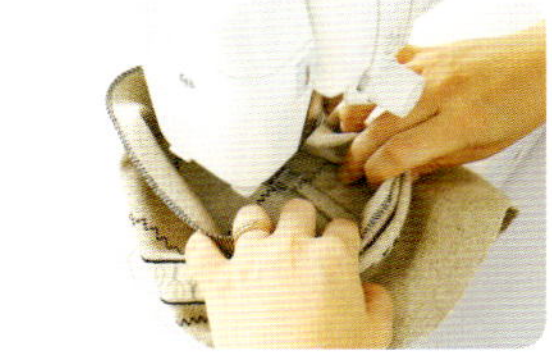

再内折一次，车缝固定。

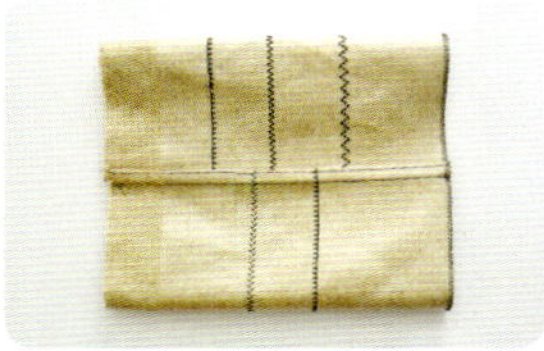

车缝完成。

4.袋口收边

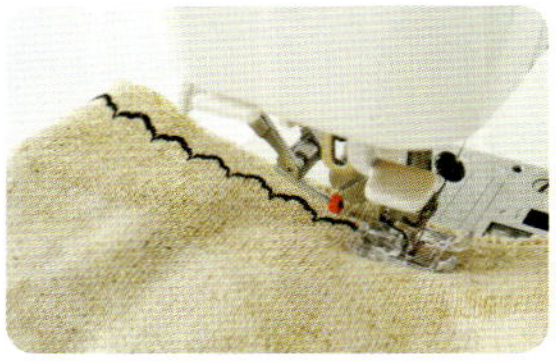

袋口车花边。

车好花边。

再沿着花边剪出弧度。

5.完成袋形

底部车一道。

Point!
翻面前，要让接合处刚好落在中间位置。

翻至正面。

将袋口往内折烫，车一道线，两袋角缝上扣子。

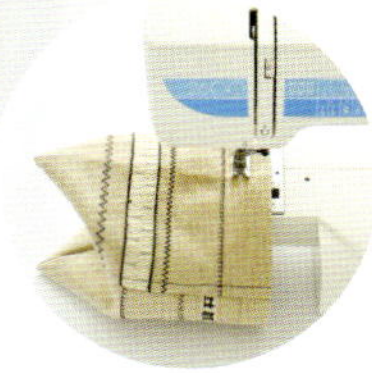

◀利用巧臂装置，让有窄口的作品能顺利车缝。

6.开扣眼的方法

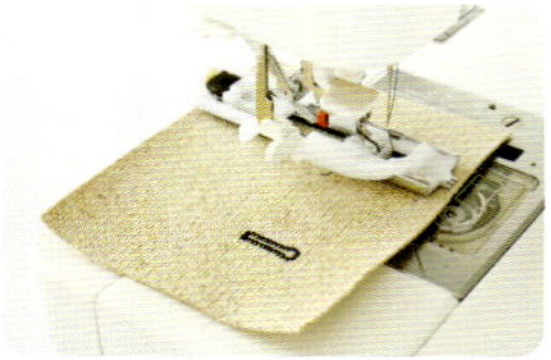

初学者可先在一块布上车好两个扣眼。

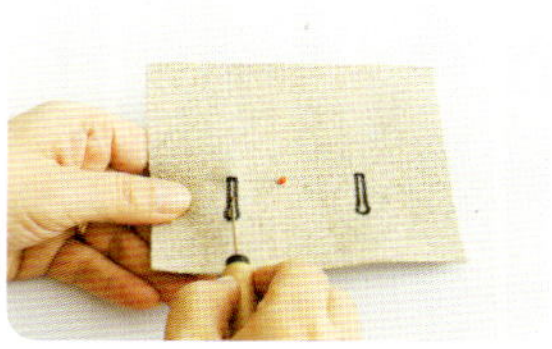

利用拆线器划开扣眼。

画上预计车缝花边的线。

两侧车上花样线。

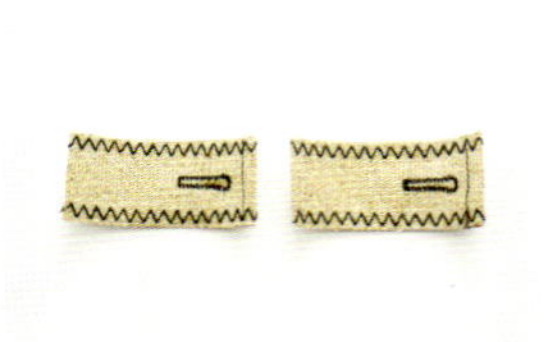

再依需要的尺寸剪下布片。

7.制作挡板 ▸▸

准备一片铝板。

包上铺棉，四周以卷针缝将铝板包覆。

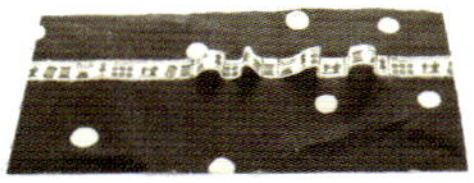

车上缎带。

依板型所示位置，将扣眼布车缝于挡板表布上。

准备与挡板表布同大的背布。

挡板表布与背部正面相对车缝，侧边留返口。

Point!
如图所示，将右上及右下剪去一角，翻面后的角度会更好看，避免因缝份重叠布太厚，角会看起来鼓鼓的。

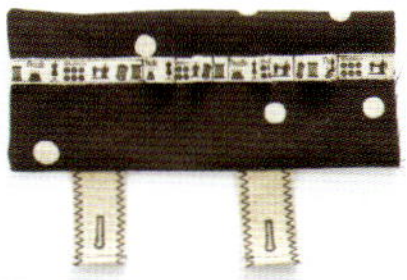

翻至正面。

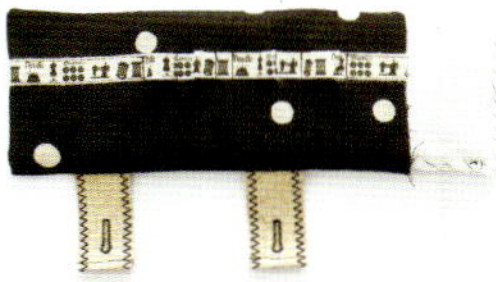

放入包覆铺棉的铝板，返口以藏针缝合。

快速拼接收纳袋

运用布片的基本拼接技巧，能快速将大量的正方形布片接合，
再以滚边及织带用法为作品带来修饰效果，
这款收纳袋的设计概念并不复杂，
配布的美感是为作品加分的重要关键。

▲ 成品尺寸：20cm × 40cm × 12cm

主要材料

用布尺寸参照附录纸型

- 表布：纸型A×2片（加厚布衬）
- 里布：纸型A×2片
- 正方形布片：纸型B×48片（加厚布衬：34cm×14cm）
- 包边用薄棉织带：333cm
- 彩色织带：333cm
- 2.8cm鸡眼扣：4组

◆技巧重点

快速拼接布片时，使用直线缝压布脚（O脚）的用法。

开口处两侧都车上织带，让袋口更牢固，抽取塑胶袋也很方便。

做法

1.布片快速拼接 ▸▸

准备24块正方形布片。

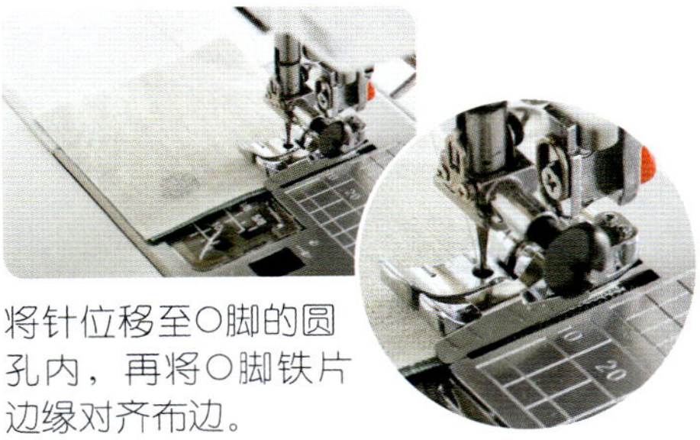

将针位移至O脚的圆孔内，再将O脚铁片边缘对齐布边。

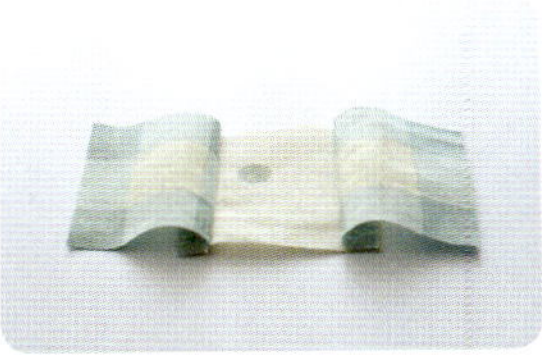

先三片一列接缝。

再依序将所有布片接缝好，缝份往左右展开烫平。

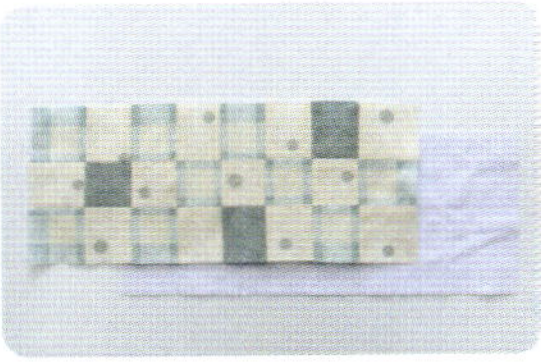

侧身正方形布片全部拼贴完成后，贴厚布衬。

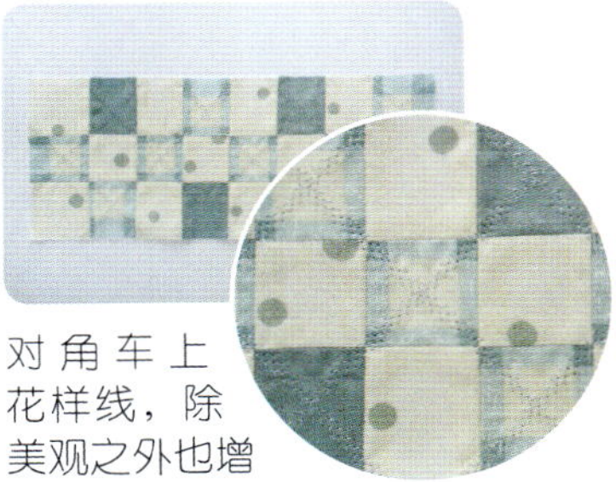

对角车上花样线，除美观之外也增加布与衬的贴合度；再与里布内面相对，四边疏缝。

2.表布贴衬与里布组合

表布两片贴衬备用。

车上布标。

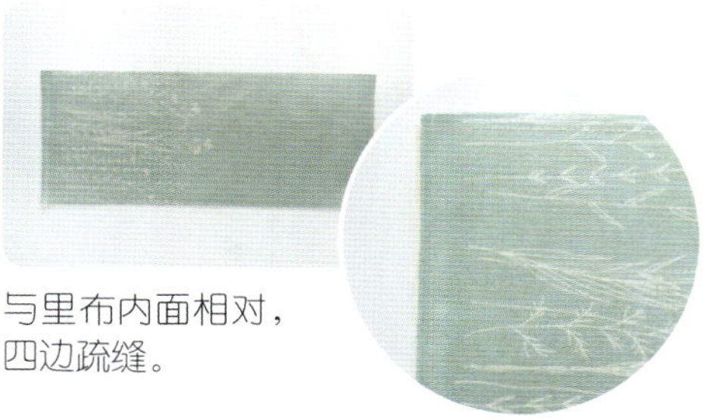

与里布内面相对，
四边疏缝。

3.以织带收边

剪出圆角。

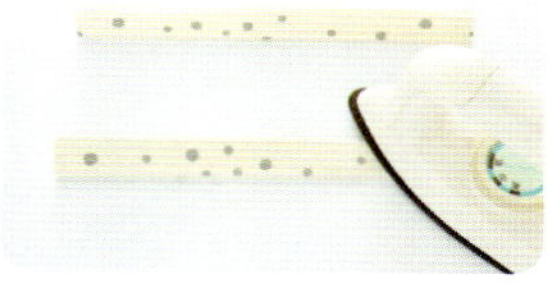

彩色织带对折烫平（会比较好车）。

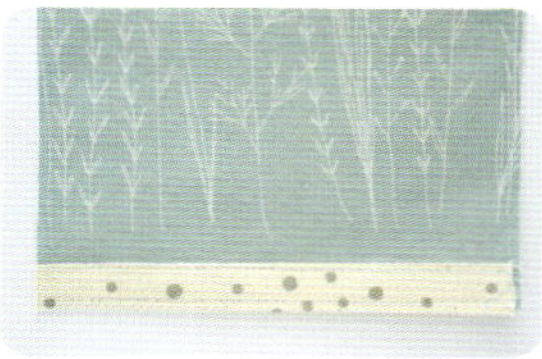

车在表布下端。

两底边的织带重叠0.5cm。

两端疏缝固定。

织带对折烫平。

侧面拼布上端车上织带。

4.组合袋物

转弯处要剪牙口。

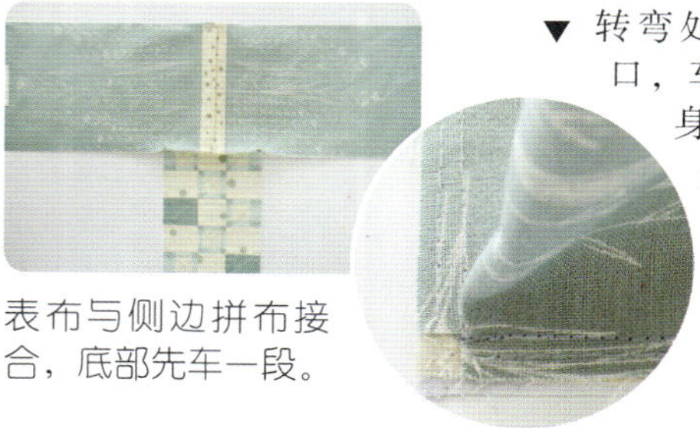

表布与侧边拼布接合，底部先车一段。

▼ 转弯处要剪牙口，车缝时袋身才转得过来。

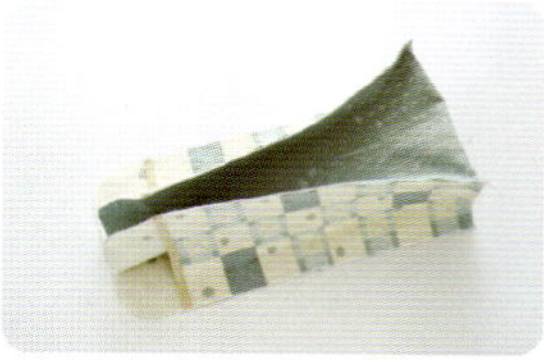

两侧车起成袋状，另外两边也车起。

5.以织带包边

先将包边用薄棉织带对折烫。

包边时，起头要多留一小段，以便最后两端接合时能收尾漂亮。

6.提把做法

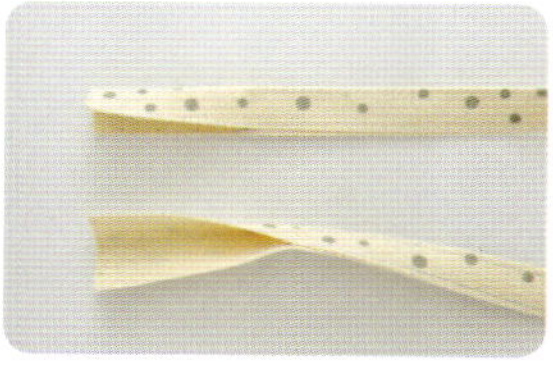

彩色织带对折，预留前后一段约5cm不车。

穿入鸡眼扣中，将织带两端接缝。

＊鸡眼扣钉法请参考P18

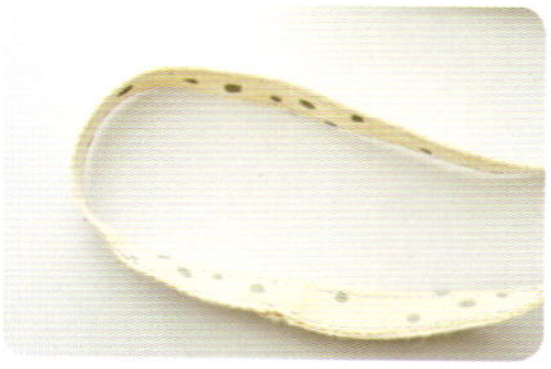

对折车缝即完成。

防水布皮夹

这是一款里外夹层设计丰富的皮夹，
美丽的丹麦防水布加上皮扣，质感简约出众。
除了要注意防水布的车法略有不同，组合时的结构则较为复杂，
只要跟着步骤指示制作，就能掌握个中诀窍。

▲ 成品尺寸：24.5cm × 18.5cm

主要材料

用布尺寸参照附录纸型

- 本体布A：24.5(1)cm × 18.5(1)cm × 1片
- 本体布B：3(1)cm × 18.5(1)cm × 1片
- 本体布C：20.5(1)cm × 18.5(1)cm × 1片
- 夹层布a：2.5cm × 15cm × 1片
- 夹层布b：7.5cm × 15cm × 1片
- 夹层布c：6cm × 10.5cm × 1片
- 夹层布d：5.5cm × 10.5cm × 4片
- 夹层布e：15cm × 10.5cm × 1片
- 夹层布f：15cm × 11cm × 1片
- 夹层布g：15cm × 23cm × 1片
- 1cm宽薄棉织带：210cm
- 拉链挡布：3cm × 3cm × 2片
- 短拉链：10cm × 1条
- 长拉链：16cm × 1条
- 皮扣1组、布标1片

◆技巧重点

车缝防水布，要使用均匀送布压布脚。

做法

1.先做卡片内侧 ▸▸

薄棉织带裁与夹层布e同宽。

对折烫平。

包边，车缝固定。

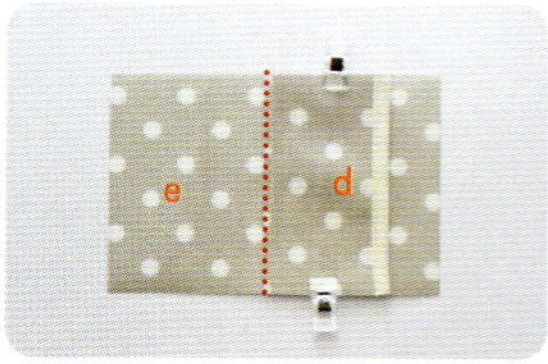

依图所示位置，将第一片夹层布d放在e布上，底部车缝固定。

依序将另三片夹层布d车上。

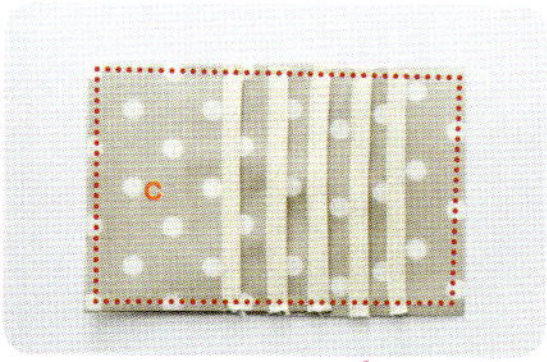

车上最后一片夹层布c，四周疏缝固定。

Point！
疏缝时，注意两侧车缝方向都要由下往上车。

2.制作拉链内侧 ▸▸

夹层布f剪成一宽一窄两块，两块布的一边先包上织带，再与短拉链车合。

3.内侧组合

f布上再车上一小块布片（作为笔插）后上下两边疏缝。

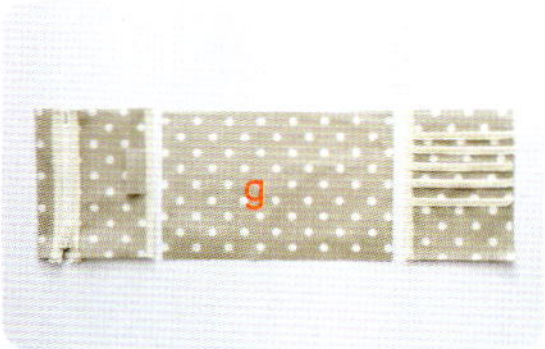

将拉链内侧（左）与卡片内侧（右）包上薄织带，准备与夹层布g叠合。

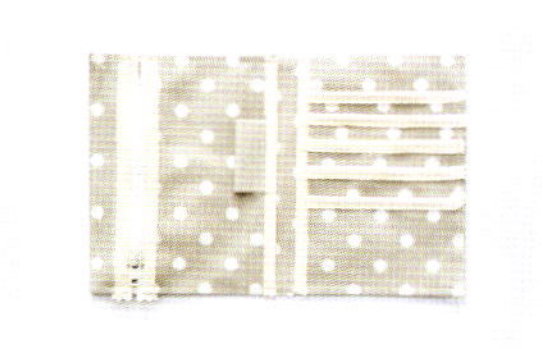

将三片叠合，四边疏缝固定。

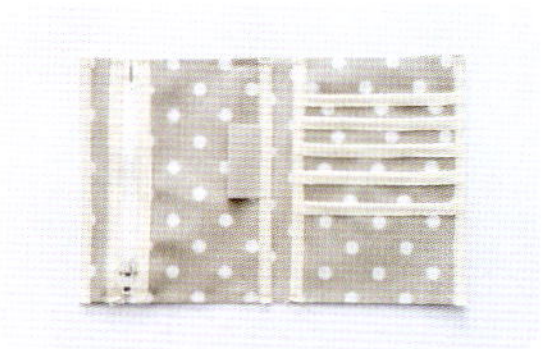

左右边先包上薄织带。

再包上下两边。

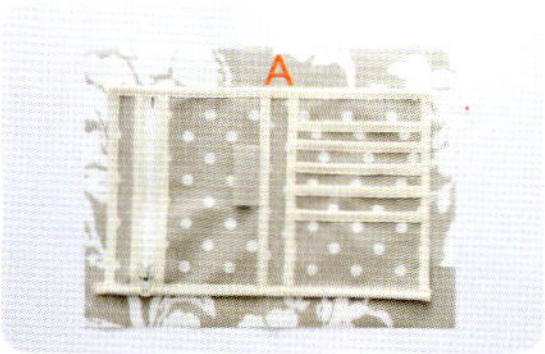

依图所示位置，放在本体布A上。

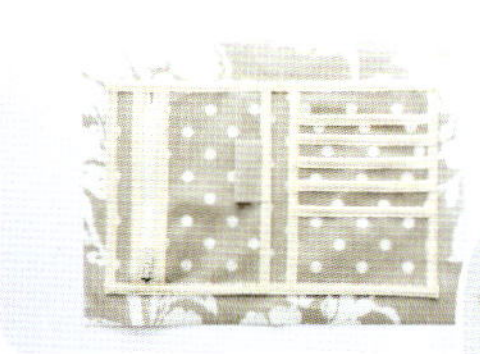

车U形固定，中间压一道隔间线。

▼口袋两个角车加强线。

4.制作外侧

车上皮扣。

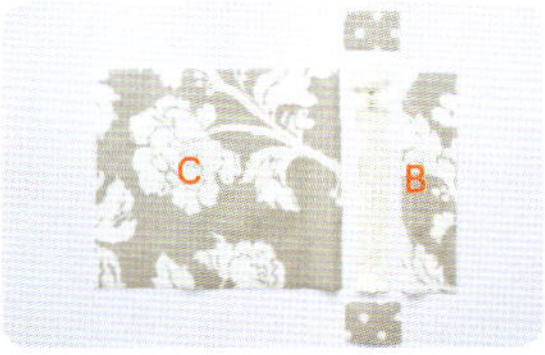

依尺寸裁好正面所需布料B、C。

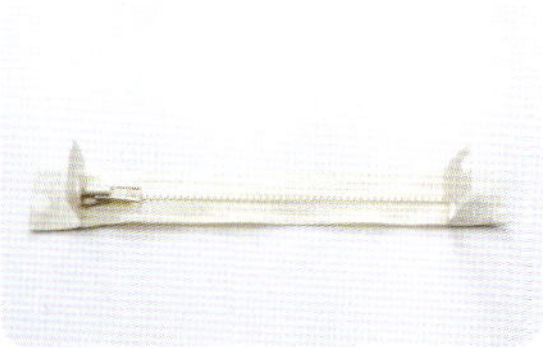

长拉链前后车上拉链挡布，尾端留缝份1cm，多余则剪掉。

贴上双面胶，与布贴合，车缝。

同上，将另一布贴合。

于拉链两侧压线固定。

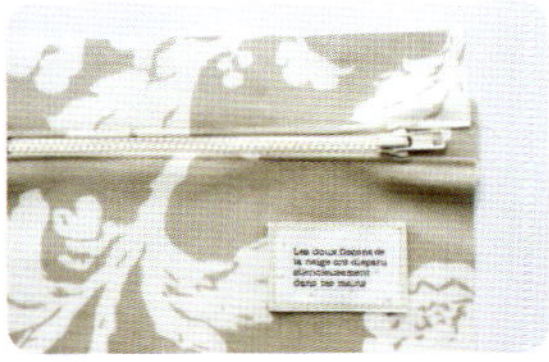

车上布标。

5.前后片接合

表里正面相对，四边车缝。

剪去四角，翻面后较漂亮。

车到皮革扣环处要多车两道，更加牢固。剪去多余皮革。

从拉链处翻面。

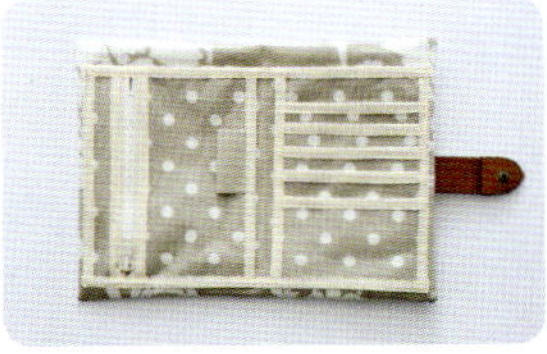

完成。

贴布口金提袋

这款袋物做法并不难，讲究的是口金搭配，以及图案的运用。
ㄇ形口金造型简单，与利落的皮革提把是很好的搭配；
图案布的款式越来越多，除了直接使用布料，
换个想法将布上图案剪下再用，你会发现原来布料有这么多的可能性。

▲ 成品尺寸：30cm × 36cm × 18cm

主要材料

用布尺寸参照附录纸型（依纸型外加1cm缝份）

- 表布：纸型A×2片（加厚布衬）
- 里布：纸型B×2片（加特殊衬、衬不留缝份）
- 内袋口袋隔间布：26(1)cm×26(1)cm（加单边衬：13cm×26cm）
- 图案布：自剪数种
- 装饰麻绳：30cm
- 30cm铝制口金：1组
- 46cm皮提把：1组

以口金做出简洁的袋口造型，能为袋物创造更有风味的样貌。

◆技巧重点

以自由车线增加贴布图案的立体感。

利用车线样式、麻线、扣子等，结合有复古效果的图案布做出各种变化，立体设计精巧而别致。

做法

1. 图案布贴布绣 ▶▶

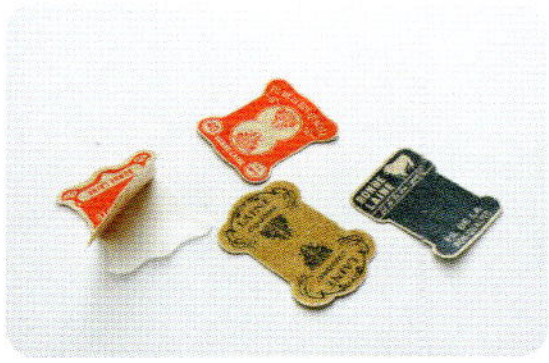

图案布料贴上奇异衬，再将所需的图形剪下。

撕开背纸，将图案布排列在已贴衬的表布上。

以中低温熨烫固定。

接着以自由曲线的方式，沿着图案布边缘车缝。

Point！
这样的自由曲线车法，除了固定之外也有装饰效果。

加上棉绳，以车线花样（Z字形花样）车好。

Point！
选用Z字形花样，能更牢靠地将棉绳车缝固定在布上。

正面完成贴布。

2. 表袋组合 ▶▶

反面也一样做法。

将两片表布正面相对，车缝底部，缝份往两边烫开。

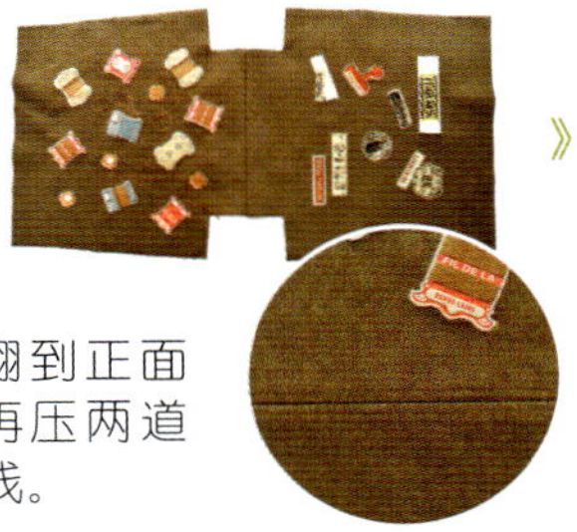

翻到正面再压两道线。

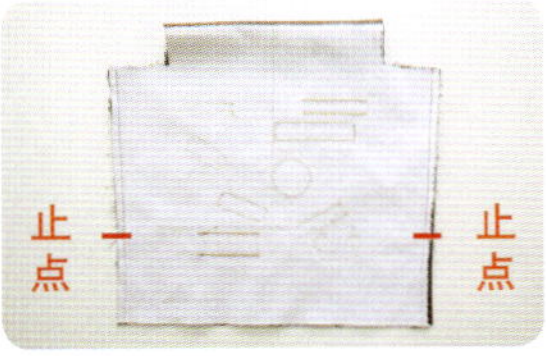

左右两侧边都车缝至止点，缝份烫开。

翻至正面压线。

翻至背面缝合底部。

3. 里袋组合 ▶▶

里布贴上特殊衬，并压菱形格线固定。

制作内袋的口袋隔间。

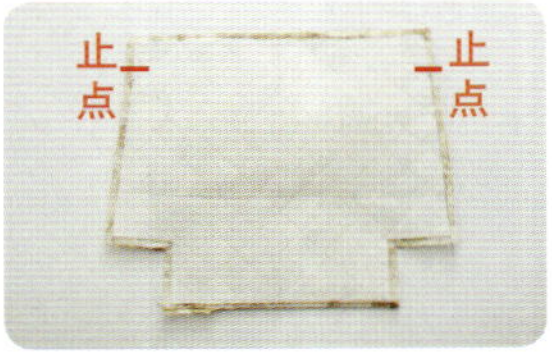

两片里布正面相对，两侧及底部车缝。

里袋完成。

4. 里外袋组合 ▶▶

里外袋分别完成后，正面相对套入，两侧车V形至记号点。

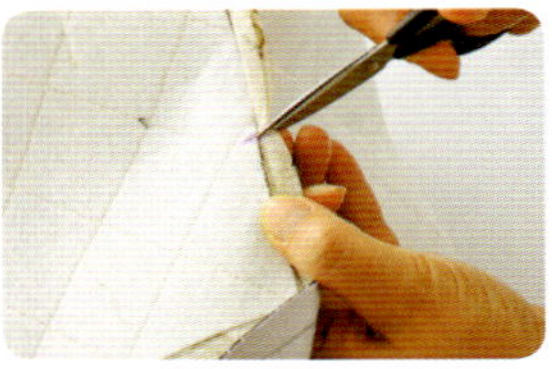

记号点剪牙口，翻面后才不会紧绷卡住。

从两布中间先将表袋翻出来。

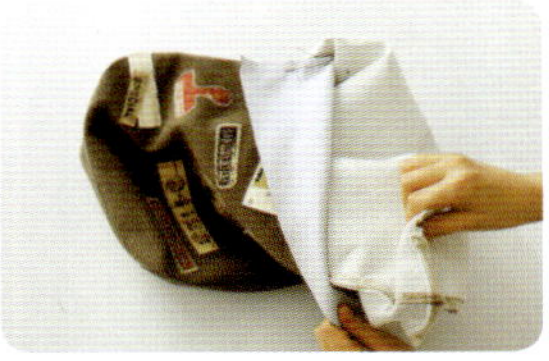

再将里袋塞入表袋中。

翻完后整烫。

将侧边压线补齐。

5. 袋口制作、加入口金 ▶▶

袋口画出一道1cm以及3.5cm的记号线，往内折烫。

内折后车缝，做出穿口金的通道。

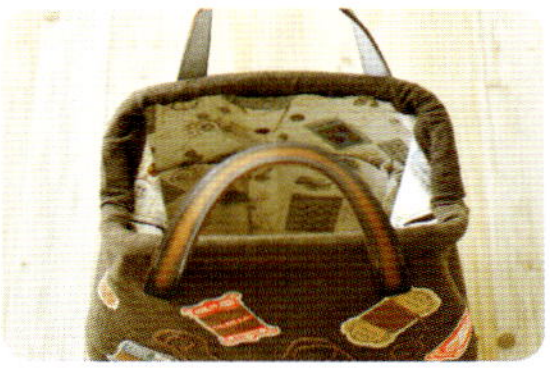

将拆下螺丝的口金穿入通道。

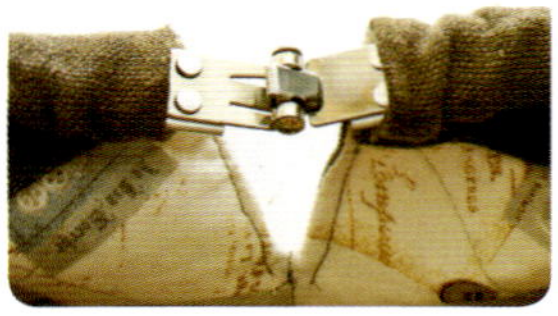

再将螺丝拴上，完成。

英国风侧背袋

配色温柔的英国花布，用在简单袋形上效果格外突出。
袋口滚边与袋底的出芽设计，突出袋物的立体线条，
圆形袋底加上厚布衬及压线手法，增加挺度及厚实感，
最后缝上细长的皮革提把，优雅的女人味呼之欲出。

▲ 成品尺寸：30cm × 38cm

主要材料

用布尺寸参照附录纸型

- 袋身表布：纸型A × 2片（加厚布衬）
- 侧身表布：纸型B × 2片（加厚布衬）
- 侧身里布：纸型B × 2片（加厚布衬）
- 上里布：纸型C × 2片（加厚布衬）
- 下里布：纸型D × 2片（加厚布衬）
- 袋底表布：纸型E × 1片（加厚布衬）
- 袋底里布：纸型E × 1片（加特殊衬、衬不留缝份）
- 口袋布：26(1)cm × 20(1)cm ↕ × 1片
- 拉链：20cm × 1条
- 市售出芽：66cm
- 滚边用布条：约120cm
- 56cm皮制提把：1组

◆技巧重点

· 内口袋的做法。
· 使用现成品制作出芽（需换拉链压布脚）。

做法

1. 制作袋身 ▶▶

依尺寸裁好袋身表布和侧身表布。

两块布车缝。

缝份展开烫平。

于正面压线固定，将另两片袋身表布与侧身表布以同样做法完成。

上面完成的两布正面相对，先车合一侧，缝份展开烫平。

于正面压线固定。

再将另一边同样做法车起，压线完成。

2. 出芽的做法 ▶▶

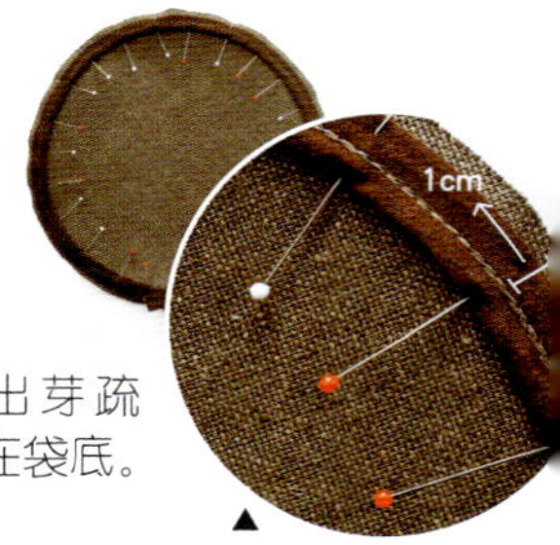

将出芽疏缝在袋底。

▲疏缝线离布边1cm。

3. 表袋底组合 ▶▶

疏缝完成的背面。

袋底标出四等分记号点，与表袋主体标示的记号点对齐。

Point！
车袋底时，一定要以有出芽车线的那一面车，沿着车线车就不会出错，避免车到出芽，会更漂亮。

依表袋板型所示，抓出皱褶，与袋底车缝一圈。

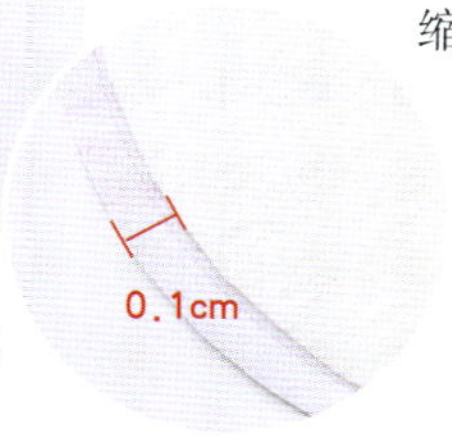

▼特殊衬不加缝份，并比实际尺寸再内缩0.1cm，车起来才不会太厚。

为了让袋子底部更挺，制作里袋底时多加了特殊衬。

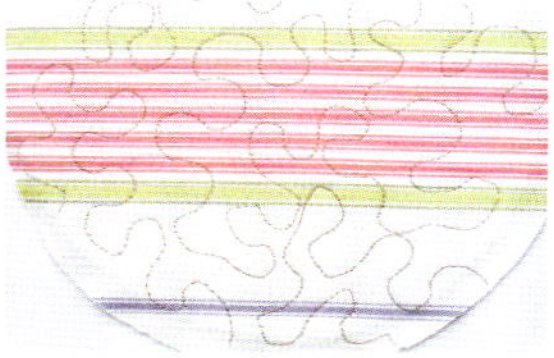

在袋底里布加上自由曲线，除了美观外，也会更结实。

4.制作里袋及内口袋 ▸▸

口袋布车花样。

将口袋布车在一片下里布上。

＊口袋做法请参考P47

口袋布往上翻，车三边固定。

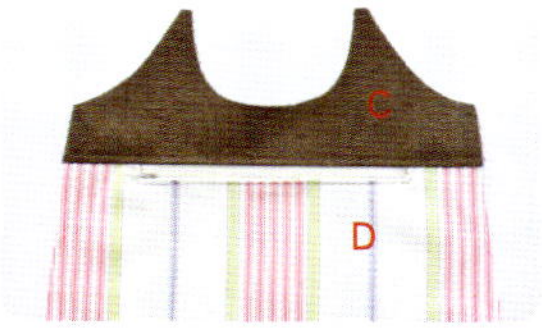

用另一片下里布D和上里布C制作拉链式内口袋。

＊拉链做法请参考P42

里袋与侧身里布B车合。注意让缝份倒向侧边并压线。

里布正面相对，与表袋相同方法车合并压线。

与袋底组合。

5.袋口滚边 ▸▸

表里袋套叠，袋口用最大针疏缝一圈固定。

Point!

滚边为1cm，所以袋口疏缝要在1cm之内。

以滚刀切出斜布条。

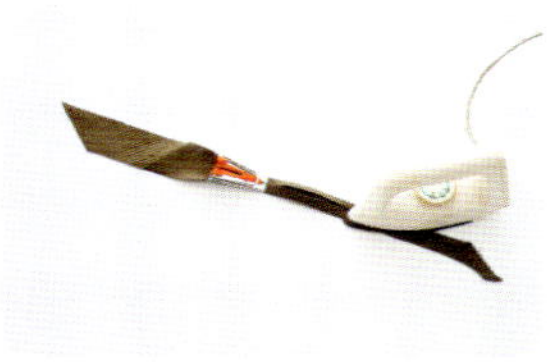

使用滚边器快速制作滚边条。

袋口滚边时，不要沿着四边顺序滚，要两两相对，先从侧面两边滚起。

滚边要稍多出一点，最后才能折入。

将多出的滚边折入，收尾。

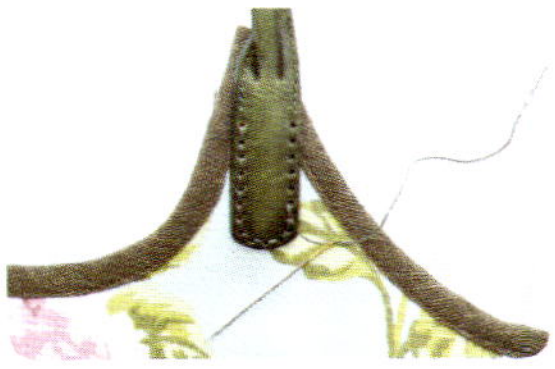

缝上皮革提把即完成。

防水购物包

防水布为塑料材质，若使用一般压布脚，压布脚的铁片会粘住防水布而车不动，
这时只要换上均匀送布压布脚即可顺利车缝。
防水布的花色越来越精彩，不怕水的特质魅力十足，
很适合做出各类型生活杂货，完成的作品也更有现代感，快点动手试试吧。

▲ 成品尺寸：27cmx22cmx8cm

主要材料

用布尺寸参照附录纸型（依纸型外加1cm缝份）

- 袋身表布A：纸型A×2片
- 侧身表布B：纸型B×1片
- 配色里布C：纸型C×2片（加特殊衬、衬不留缝份）
- 里布D：纸型D×2片（加特殊衬、衬不留缝份）
- 侧身里布E：纸型E×1片（加特殊衬、衬不留缝份）
- 侧身配色里布F：纸型F×2片（加特殊衬、衬不留缝份）
- 织带：35cm×2片
- 拉链：40cm×1条
- 拉链口布：30cm×11cm×2片
- 把手装饰布：5cm×14cm×2片

袋口的拉链设计。

◆技巧重点

· 防水布车法。
· 提把做法。

做法

1. 表袋制作 ▶▶

袋身表布与侧身表布以珠针固定。

袋身表布与侧身表布接缝。

Point！
车缝时要注意让大片布在下，才能将弧度皱褶车好。

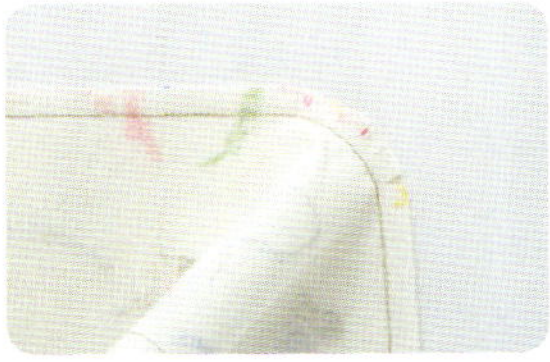

弧度的地方要剪牙口。

表袋组合。

2. 里布制作 ▶▶

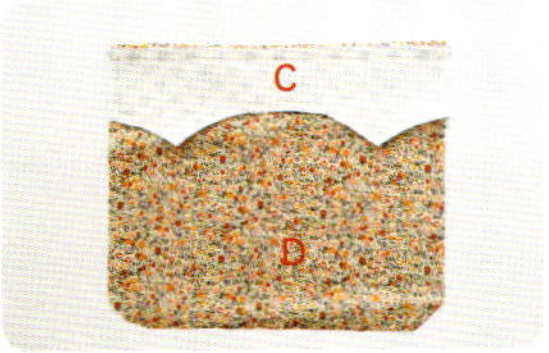

配色里布C与里布D接缝。

缝份往下倒，隔布烫平。

Point！
防水布熨烫时，要隔着一块布再烫。

将特殊衬置于布背面，再隔布贴烫。

换上均匀送布齿，车缝压线菱形格，固定布和衬，使它们更加贴合。

◂压线时每道线的车缝方向要一致，如果不一样，便会出现如图扭曲的情况。

压缝完成。

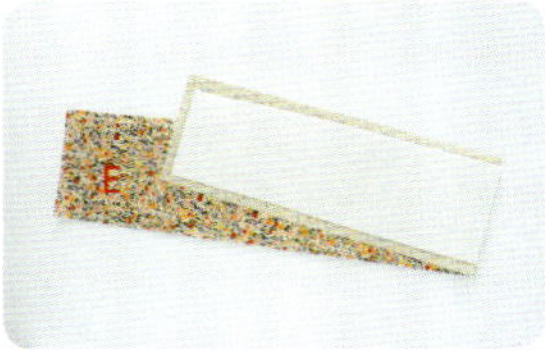

侧身里布E也贴烫上特殊衬。

压线固定。

两端接上侧身配色里布F。

3. 拉链口布制作 ▸▸

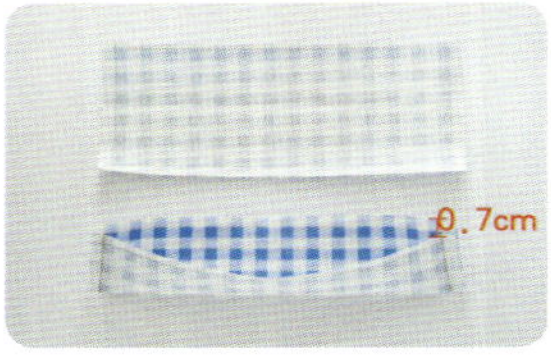

对折时一边要多出0.7cm，再车缝长边两端。

拉链置于中间，与口布中心对正，先以双面胶固定。

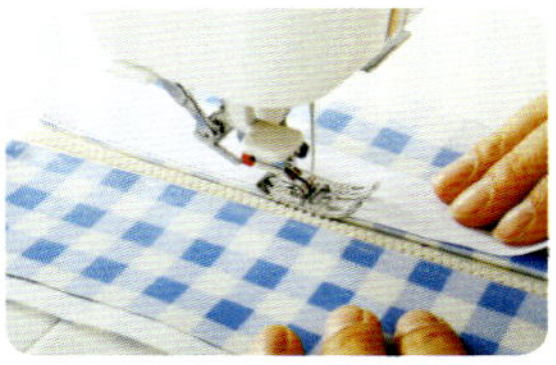

将纸张垫在压布脚下，防水布会更好车缝。

Point!
垫纸后再车，能避免压布脚的铁片粘住防水布。

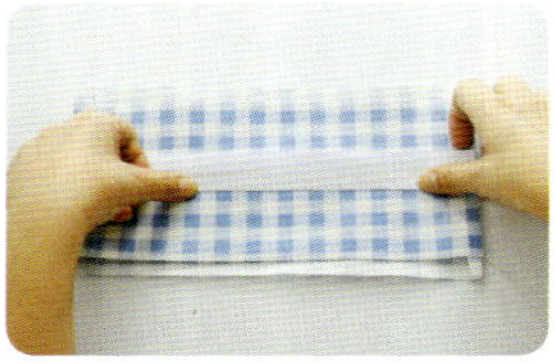

车完后纸张沿车线折压。

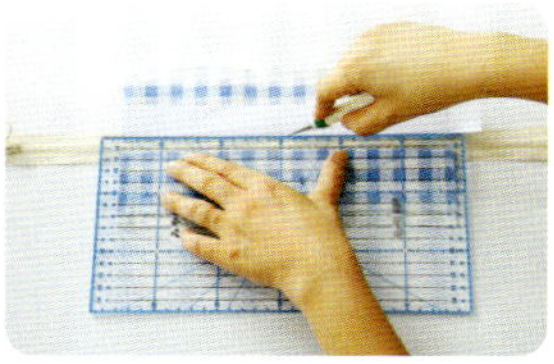

或用尖锥轻轻地沿着车线划一下。

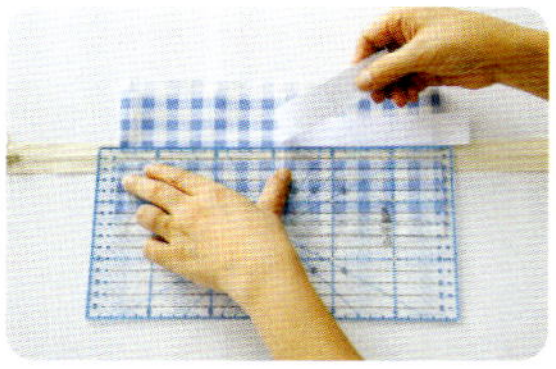

靠着尺将纸张撕去。

拉链完成的样子。

口布边缘沿着里袋上下布的接合线，车缝固定。

口布往上折平，并压线固定。

口布另一边做法相同。

从上面看的样子。

与里布侧边接合（一边要留返口）。

里袋组合完成。

4.提把制作 ▶▶

把手装饰布折烫成3cm×14cm后，车缝在织带中间。

中段对折车缝15cm。

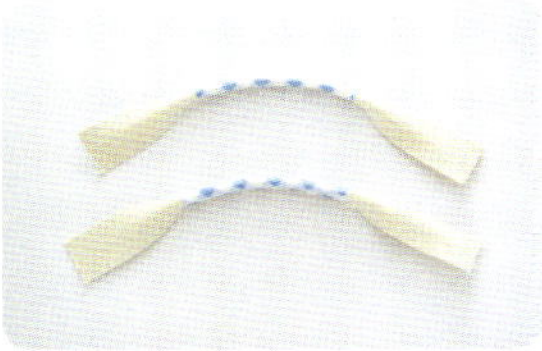

完成两条提把。

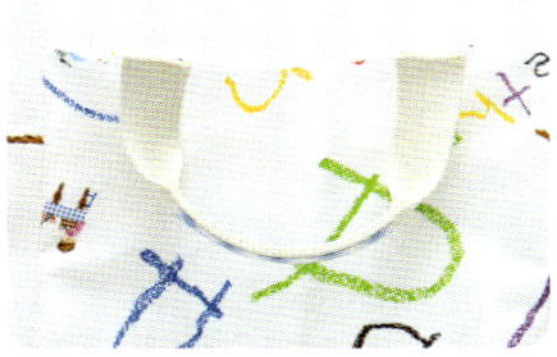

提把固定在表袋上。

表袋里袋正面相对套叠一起后，车缝袋口一圈。

弧度的地方要剪牙口。

返至正面并整烫。

表袋正面压线装饰及固定。

小化妆包

这款随身小袋看似简单，却是以更精巧的做法完成，
重点在于表里袋的组合方式不同，
所以完成后，袋子内侧的接合处是隐藏漂亮的，不会有布边露出的情况。

▲ 成品尺寸：43cm × 22.5cm × 10.5cm

主要材料

- 配色表布A：24(1)cm × 12(1)cm × 1片
- 里布a：24(1)cm × 12(1)cm × 1片
- 配色表布B：24(1)cm × 19(1)cm × 1片
- 里布b：24(1)cm × 19(1)cm × 1片
- 挡布：4cm × 3cm × 2片
- 拉链：20cm × 1条
- 提带布条：4cm × 20cm × 1条

此袋做法，能将里侧布边隐藏起来，成品更为精致。

做法

1. 袋身制作 ▶▶

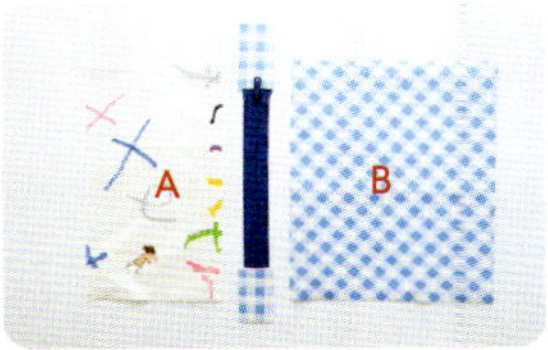

表袋配置。

拉链两端车上挡布。

配色表布B与里布b夹车拉链。

Point！
夹车拉链时，一定要换用E脚。

翻至正面推平后，压线固定。

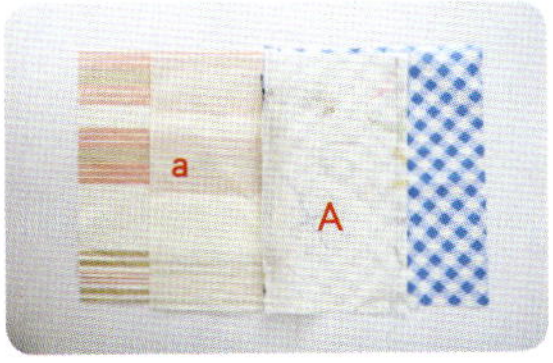

配色表布A与里布a夹车拉链。

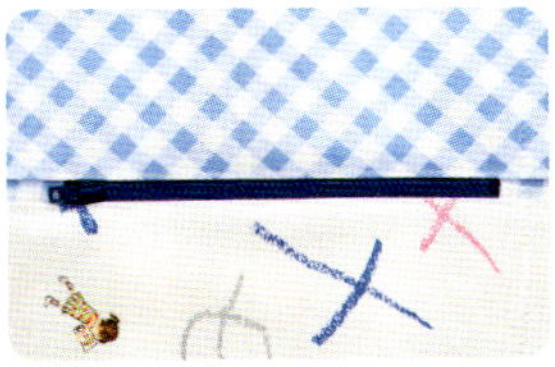

翻至正面压线。

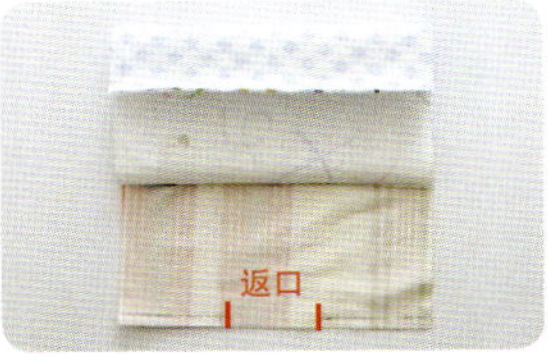

表袋底车缝起来，里袋底留返口，其余车缝固定。

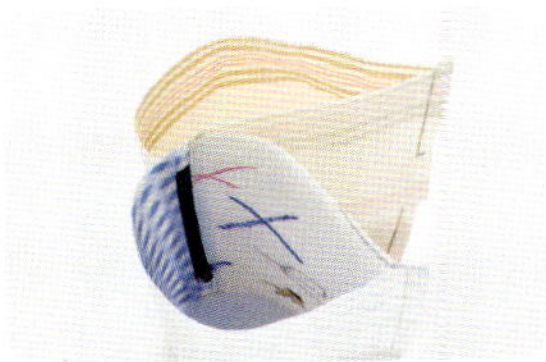

完成的侧边图。

两侧边车缝固定表里布。

▼ 袋角可修剪打薄厚度。

翻至里袋那一面。

里袋底返口藏针缝。

再由拉链开口翻至正面。

2. 提把带制作 ▶▶

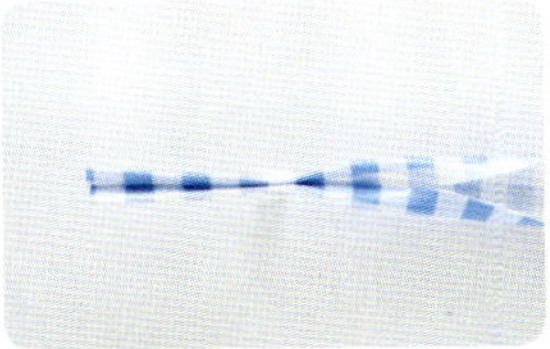

将提带布条双对折后，车缝固定。

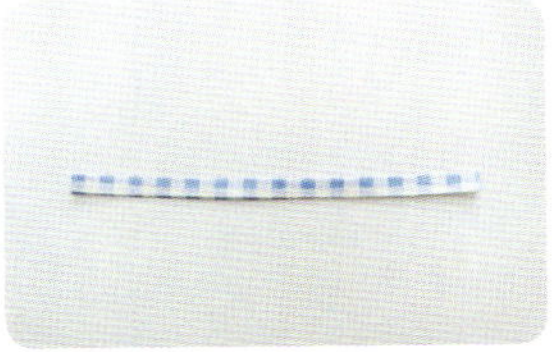

完成的提把带穿入钩环。

拼布工具专用包

素麻布车上菱形压线，配上清爽条纹布、有型的皮革短提把更显个性。
别小看这款提袋，因为内口袋的多样性和附加的收纳袋有着超乎想象的容量，
让所有工具都能全部在一个袋子里收整齐。

▲ 成品尺寸：29cm × 39cm × 18cm

一片式的工具包，隔间多少请依需求作调整，能将散乱的缝纫用具一一收好。

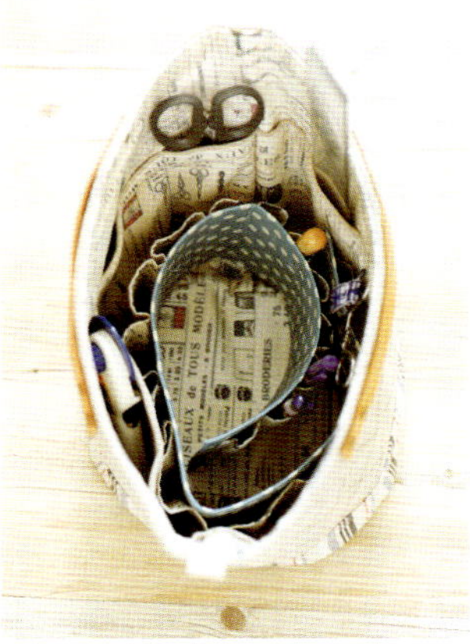

因提把在中间，所以规划口袋隔间时，应将比较长的工具设计放在两侧，提起袋子时才不会卡住。

袋底独特的抓褶设计，是简单造型中的不简单设计。

主要材料

- 表袋素麻布：40(1)cm × 20(1)cm ↕ × 2片（加厚布衬）
- 表袋配色布：40(1)cm × 20(1)cm ↕ × 2片（加厚布衬）
- 里袋布：40(1)cm × 40(1)cm × 2片（加厚布衬）
- 口袋表布：40(1)cm × 16(1)cm × 2片（加厚布衬）
- 口袋里布：40(1)cm × 16(1)cm × 2片
- 内夹层圆点布：24(1)cm × 7(1)cm × 1片（加特殊衬、衬不留缝份）
- 内夹层字母布：20(1)cm × 108(1)cm × 1片（加厚布衬：10cm × 106cm）
- 皮革：20cm × 2条
- 铆钉：8个
- 1.6cm宽D环：2个

◆技巧重点

· 双针车法。
· 利用缝份导引棒车出等距压线。
· 使用特殊衬以增加袋子挺度。

做法

1.表袋压线 ▶▶

表袋素麻布和配色布相对，上端车缝，翻至正面整烫再压一道线。利用方格尺先画出一条45° 角基准线。

》

以双针加上压线导缝器，依记号线车缝。

》

完成所有压线。

》

在表袋上加一块布标。

2.表袋布结合 ▶▶

两片表布都完成压线后，正面相对，两侧车起。

》

在接合处两侧各压一道线。

Point！
如果布太大，车缝时可将多的右边先卷起来，方便操作。

》

车至有厚度落差的地方先停下。

压住侧边黑色按钮，再继续车完。

》

将压布脚前端往下压平。

》

完成压线。

▼圆筒状的袋身车压线时比较不好车，所以要边车边调整。

3. 袋底折角制作 ▶▶

两侧缝份烫开。

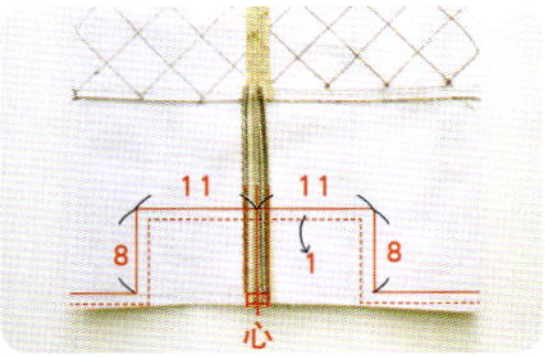

侧线对齐，画出一个22cm×8cm的长方形，缝份1cm。

剪出缺口。

底边车缝一道。

将缝份烫开。

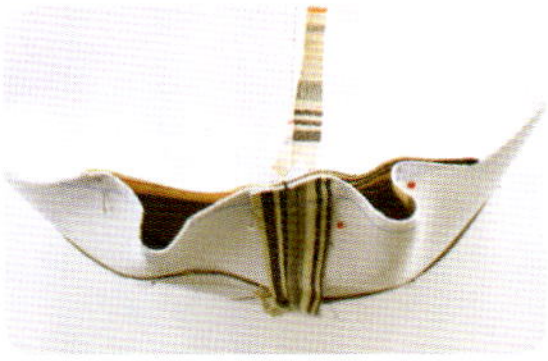
先将中心车缝处对齐，底线对齐侧线，以珠针别起。

两侧依记号线抓出斜角对齐。

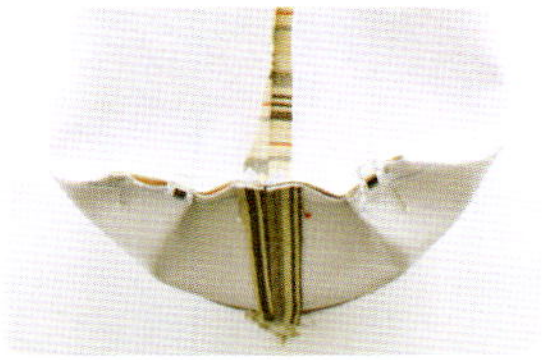
皱褶处以强力夹固定。

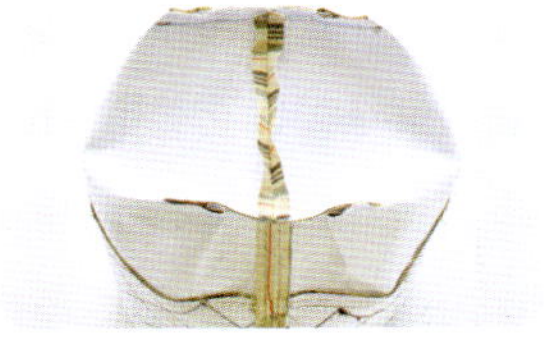
两边各车合一道固定。

翻回正面。

袋底的样子。

4. 贴式口袋制作 ▶▶

布衬不留缝份贴烫在口袋表布，上下车缝起来。

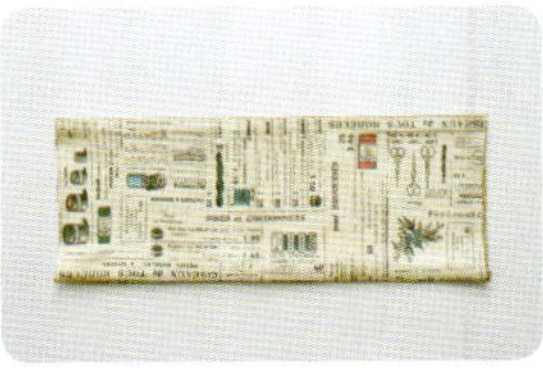
由两侧边翻至正面烫平。

袋口压装饰线。

将口袋贴放在里袋布适当的位置上，再将底车缝起来。

预留工具放置的空间。

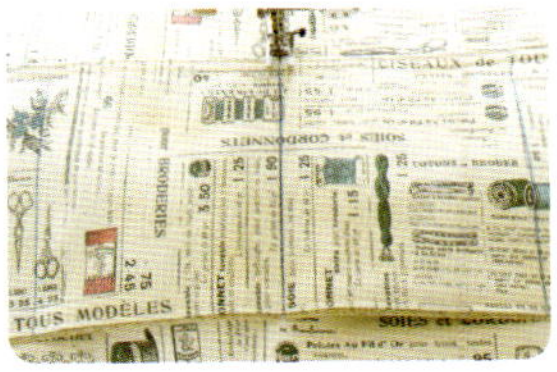
并将隔间车线固定。

贴式口袋完成的样子。

里袋先将两侧车缝好，侧边预留返口，袋底再依表袋的折法车缝起来。

里袋完成的样子。

5.表里袋结合

先在表袋一侧加上扣环。

以强力夹固定袋口，车缝一圈。

由侧边返口翻面。

翻回正面后，于袋口再压一道线。

6.制作收纳工具包

内夹层圆点布折双并单面贴上特殊衬。

两端车缝起来。

长边底缝份往内折烫。

再压线固定。

内夹层字母布折双并单面贴布衬。

长边底留10cm返口，其余的车缝固定。

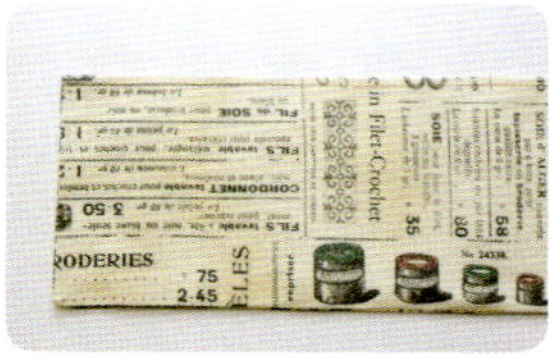
两长边车缝装饰线。

做口袋隔间前，可先拿平时常用的工具比比看，决定要做出多少隔间。

先画出格线，再依序车缝。

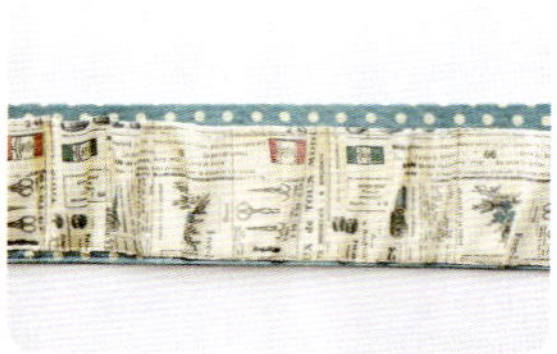
完成的样子。

Point!

车口袋隔间线时，建议从底部往上车，能将空气顺势挤出，成品会更平整好看。

斜背口袋包

这件作品中，前口袋的设计是焦点所在，
以出芽滚出口袋形状的立体感。
与使用现成出芽的做法不同，
是以棉绳包入布条来自制出芽。
整体结构稍微繁复一些，
却是一款挺度很好的扎实的斜背包。

▲ 成品尺寸：28cmx19cmx9cm

主要材料

用布尺寸参照附录纸型（依纸型外加1cm缝份）

- 袋身表布：纸型A × 2片（加厚布衬）
- 侧身配色表布：纸型B × 1片（加厚布衬）
- 袋身里布：纸型A × 2片（加厚布衬）
- 侧身里布：纸型B × 1片（加厚布衬）
- 口袋表布：纸型C × 1片（加厚布衬）
- 口袋里布：纸型C × 1片（加厚布衬、衬不留缝份）
- 口袋盖子表布：纸型D × 1片（加厚布衬、衬不留缝份）
- 口袋盖子里布：纸型D × 1片（加厚布衬、衬不留缝份）
- 口袋侧身素麻布：4(1)cm × 47(1)cm（加厚布衬、衬不留缝份）
- 口袋身出芽：3cm × 50cm ⊠ × 1条
- 口袋盖出芽：3cm × 40cm ⊠ × 1条
- 拉链：40cm × 1条
- 贴式口袋布：24cm × 20cm ↕ × 1片（加厚布衬：12cm × 20cm）

◆技巧重点

自制出芽的方法。

做法

1. 出芽的制作 ▶▶

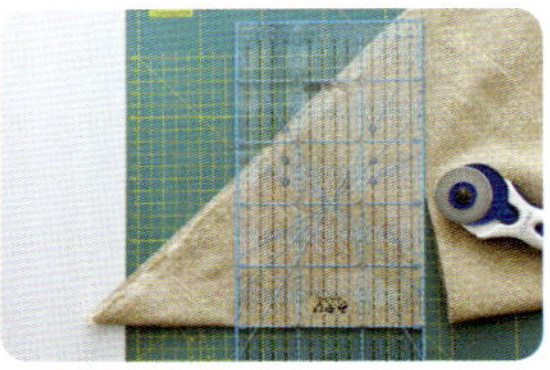

裁布（斜布纹）时，可先将布45° 角对折，再将裁切尺90° 直角对齐布边裁切。

由左往右裁切3cm宽的布条。

先量出芽所需的棉绳长度。

将棉绳置于布条中间，两端往内包折1cm。

包覆棉绳的布条对折，用E脚车缝固定。

完成的样子。

2. 前口袋盖的制作 ▶▶

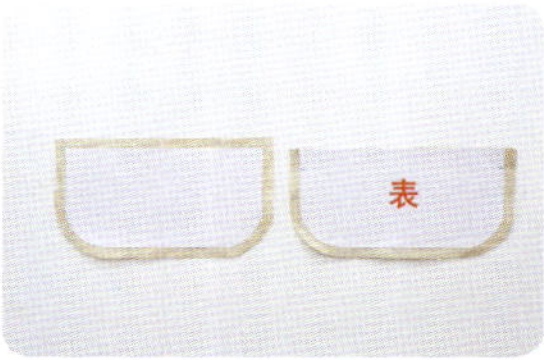

口袋盖子表里布贴衬（衬不留缝份），盖子表布上方不留缝份。

将出芽以强力夹固定于盖上。

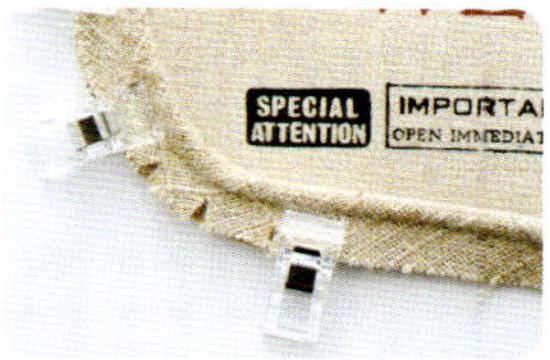

弧度的地方剪牙口，更方便转弯。

收尾的样子。

用E脚将出芽车缝固定于袋盖上。

完成的样子。

与盖子里布固定。

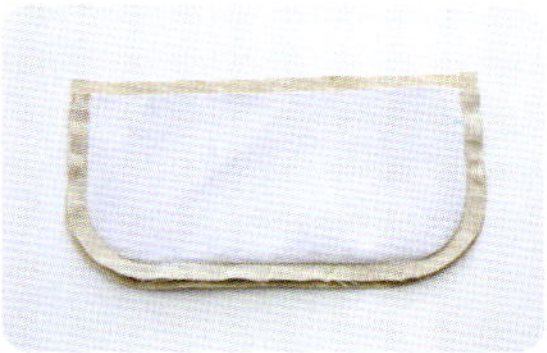

前后两片布U形车缝起来。

弧度的地方剪牙口，削减厚度。

翻至正面烫平。

3.前口袋的制作 ▸▸

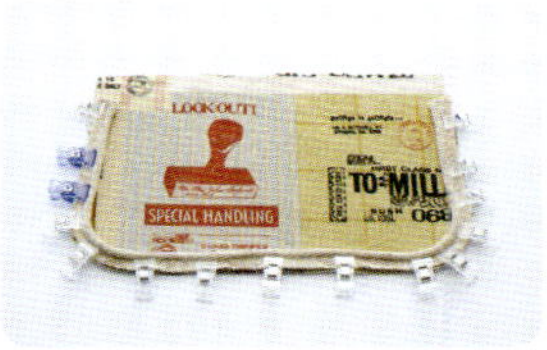

口袋表布以强力夹固定出芽。

车缝出芽。

口袋侧身素麻布贴衬（衬不留缝份）。

长边两端车缝固定。

翻至正面烫平。

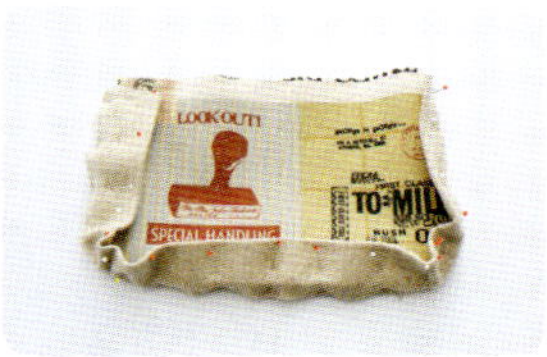

以珠针固定于口袋表布上。

车缝固定。

正面完成的样子。

背面完成的样子。

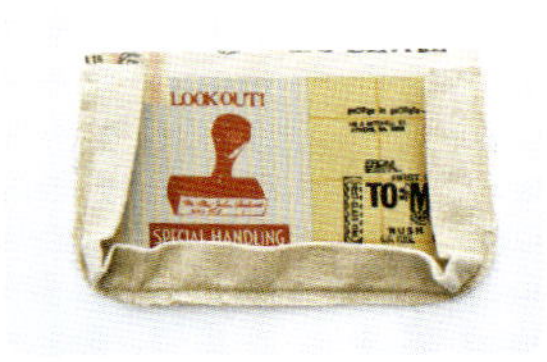

将侧边往表面折。

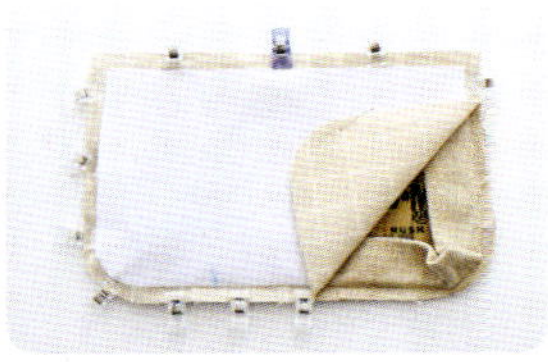

口袋里布与表布正面相对固定。

留一返口于底。

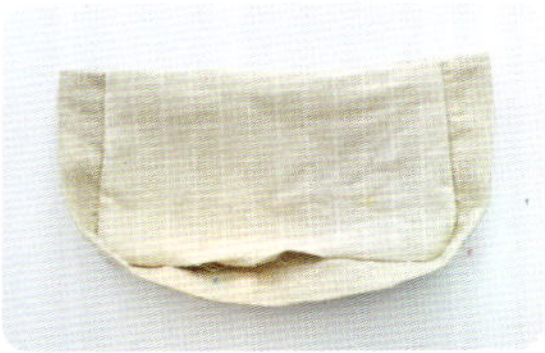

翻至正面，并藏针缝合返口。

袋口压缝。

4.前口袋与袋身组合

袋盖取中心点与袋身纸型所标示的位置以珠针固定。

沿袋身表布边缘车缝。

袋盖往上掀开烫平，并压线固定。

压两道线。

袋盖完成的样子。

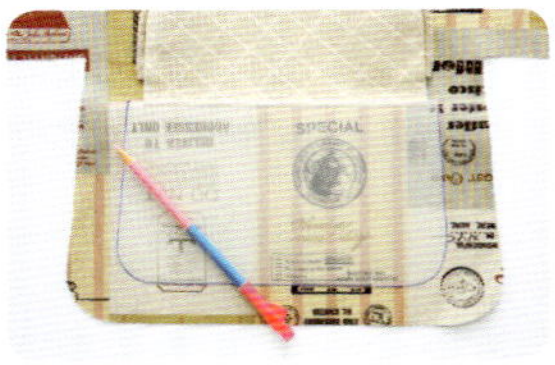

将口袋纸型及记号点描绘于袋身表布上。

口袋底取中心点与记号相合。

以珠针固定口袋。

车缝袋口侧边缘约0.2cm。

5.袋身组合

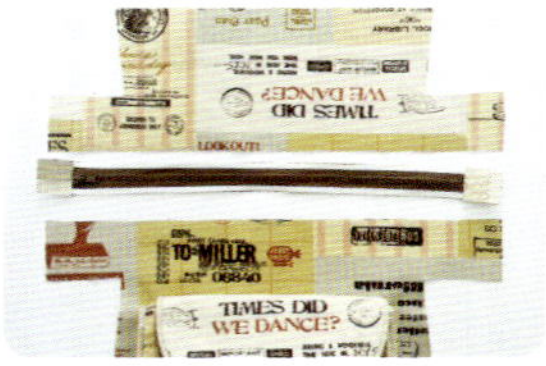

袋身与拉链组合。

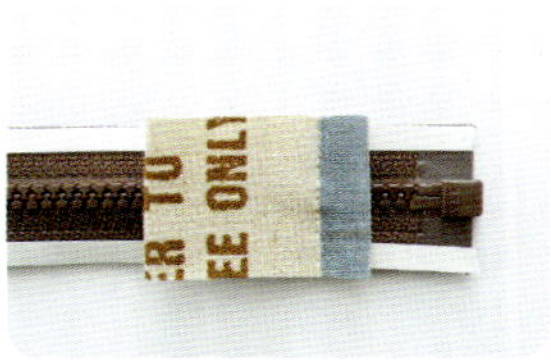

将挡布（3cmx3cm）车缝于拉链两端。

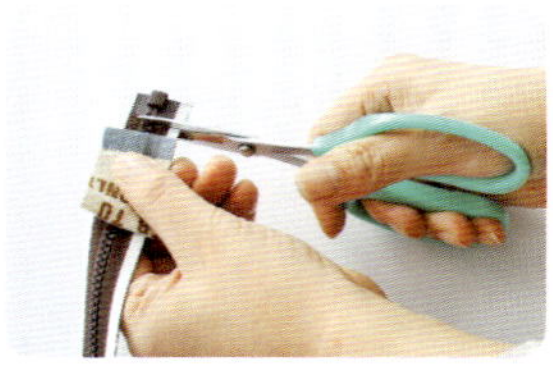

剪去过长的拉链。

以E脚车缝拉链。

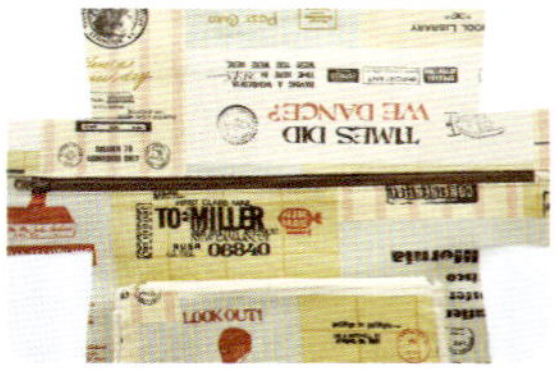

拉链完成的样子。

用可爱的彩色织带做布耳。

车上布耳。

袋底与袋身组合。

车缝两侧。

正面压缝。

取中心点。

Point！
对折画出中心点，会比用尺量来得正确。

底中心合印对齐，以强力夹固定并车缝。

6. 里袋的制作

正面完成的样子。

贴式口袋布上方以彩色织带装饰。

车缝在袋身里布上。

里袋袋口缝份往内折烫。

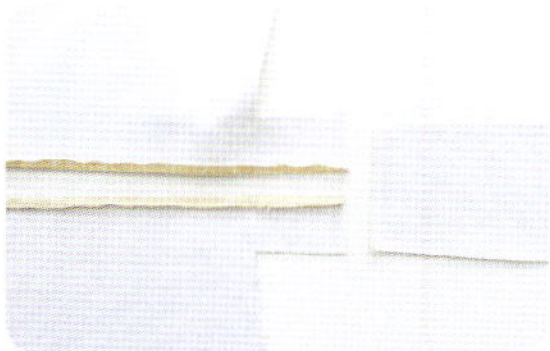

与侧身里布组合。

车缝固定。

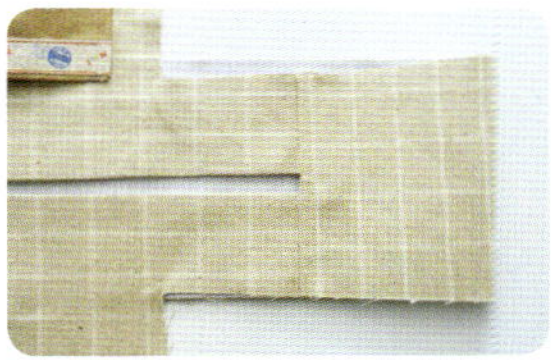

缝份往下折烫并压线。

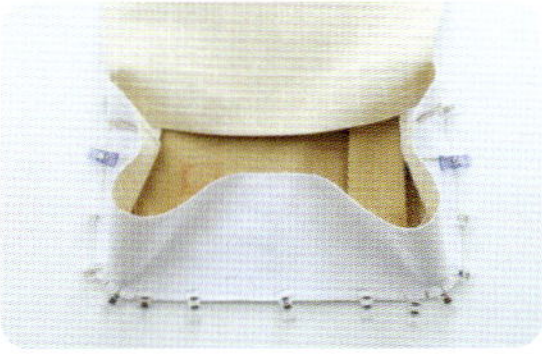

与袋身组合。

组合另一边。

完成的样子。

7. 表里袋组合

里袋与表袋背面相对、套在一起。

Point！
表里袋套入时，注意因有前口袋，所以内口袋的方向就要错开，不要套在同一侧。

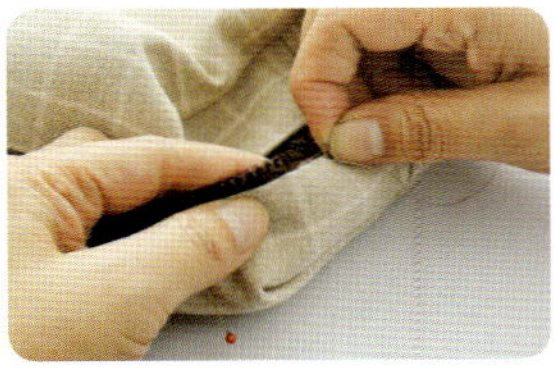

袋口藏针缝合。

前口袋缝上皮插扣。

多夹层手提包

外形轻巧，却是有着多夹层的实用款式，
精细的内袋设计有拉链开口，两侧也各有分隔，
不仅可分门别类置放物品，也不怕重要的东西掉出来，
是一款很适合日常使用的手提袋。
多层次的袋身做法是一大重点，快来尝试一下吧。

▲ 成品尺寸：22cmx22cmx13cm

主要材料

用布尺寸参照附录纸型（依纸型外加1cm缝份）

- 袋身表布A：纸型A×2片（加厚布衬）
- 袋身里布A：纸型A×2片（加厚布衬）
- 侧身配色表布B：纸型B×2片（加厚右衬）
- 侧身里布B：纸型B×2片（加厚布衬）
- 袋底配色表布E：纸型E×1片（加厚布衬）
- 袋底里布E：纸型E×1片（加厚布衬）
- 前口袋表布C：纸型C×1片（加厚布衬）
- 前口袋里布D：纸型D×1片（加厚布衬）
- 夹层里布F：纸型F×4片
- 口布配色布：88(1)cm×10(1)cm×1片（加厚布衬、衬不留缝份）

◆技巧重点

袋物夹层的组合方式。

做法

1. 表袋组合 ▸▸

表袋用布。

侧身配色表布B与袋底配色表布E接合。

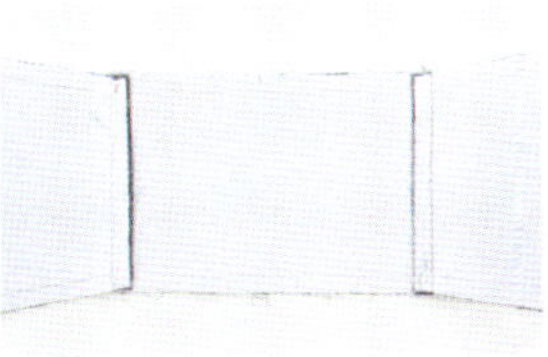

注意背面缝份倒向内侧。

前口袋表里布接合。

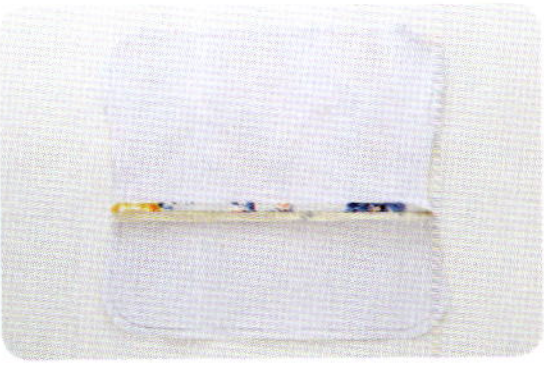

缝份展开烫平。

正面压两道线。

对折烫平。

于袋口正面压装饰线固定。

前口袋与袋身表布合印对齐后，以珠针或强力夹固定。

袋底依纸型记号打角。

车缝U形。

袋身表布与侧身表布组合。

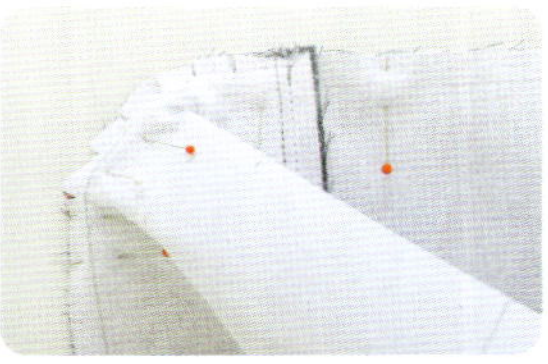

弧度剪牙口。

缝份倒向侧边，并压线装饰固定。

两面组合起来。

内面底的样子。

2. 夹层里袋的制作 ▸▸

翻至正面的样子。

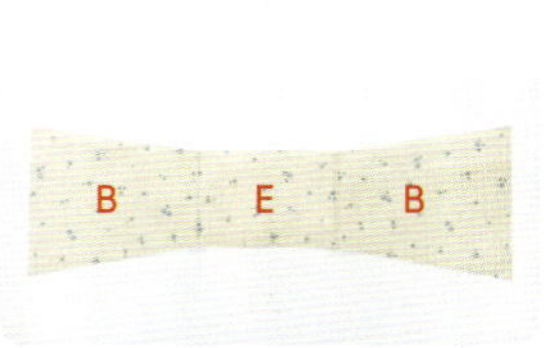

侧身里布B与袋底里布E接缝并压线。

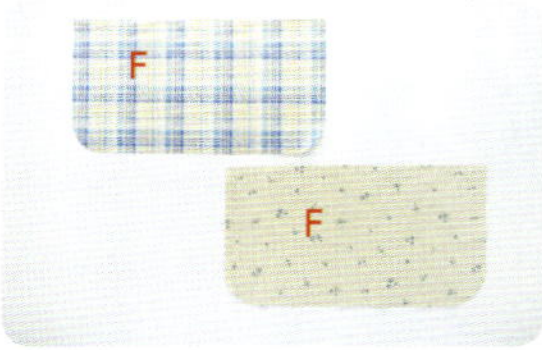

夹层里布F，两色各2片。

正面相对车缝起来。

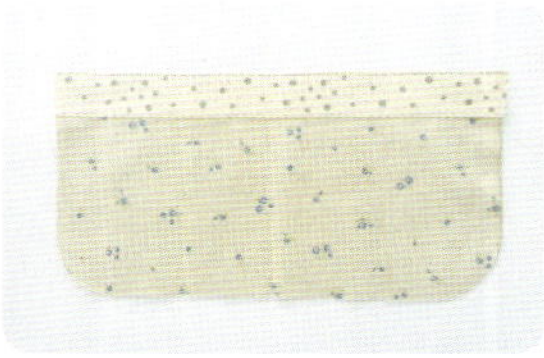

彩色织带贴着布边车缝上下两道线。

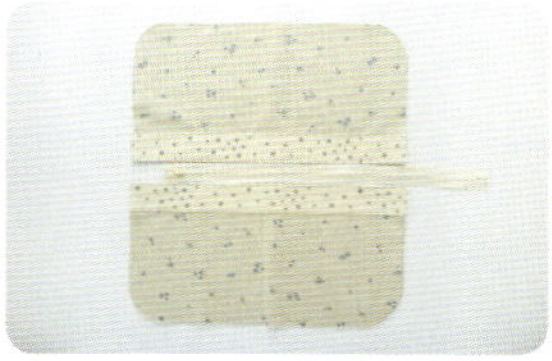

夹层里布依记号点车缝拉链。

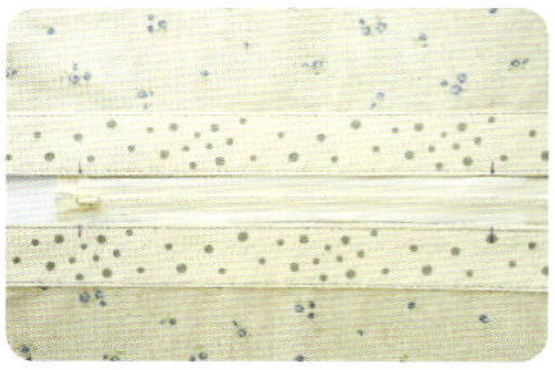

双面胶固定拉链。

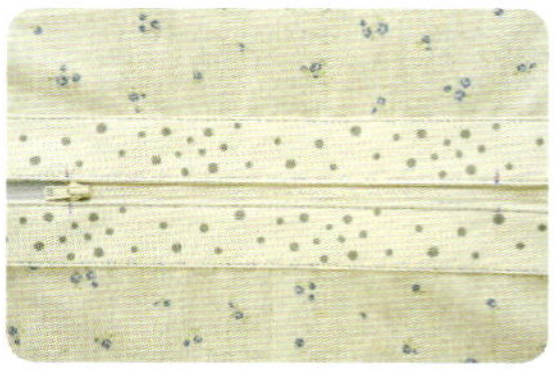

车缝拉链。

夹层里布袋底打角。

袋底的样子。

将缝份剪开。

缝份烫开。

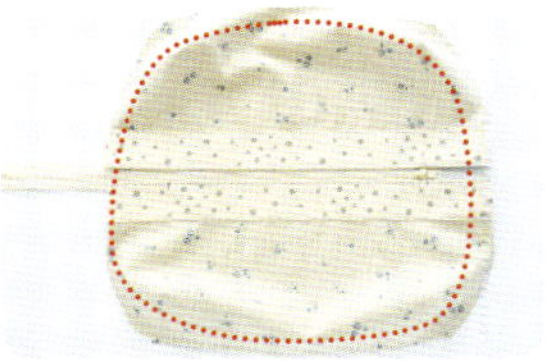

夹层口袋四周疏缝。

夹层口袋与袋身里布组合。

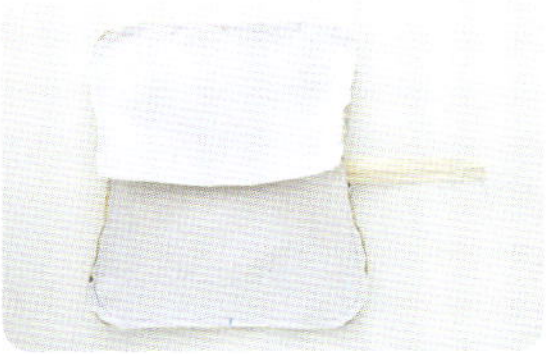

与另一片袋身里布组合。

组合完成的样子。

3.口布和提把的制作

与里袋侧身接缝。

两侧接起来。

底留返口。

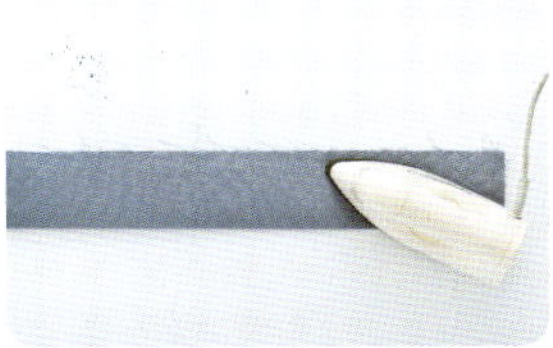

口布配色布对折，烫出折线。

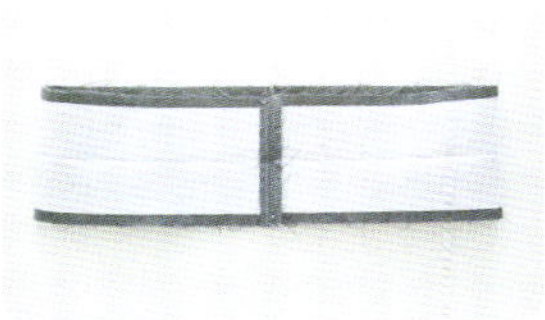

两端车缝并于正面压线。

再补折烫此段。

提把固定于表袋上，口布及表袋布边对齐以珠针固定。

车缝一圈。

4.表里袋组合

缝份向下烫平，再压缝一圈固定。

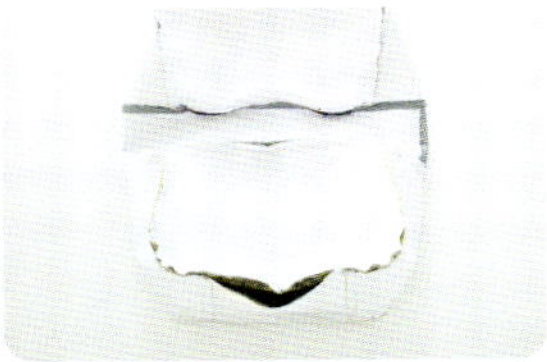

表袋套入里袋内，口布与里袋口对齐车缝一圈，再由里袋底返口翻至表面。

口布折线处为袋口顶端，表袋、里袋烫整后再车缝袋口一圈0.5cm。

提把钉上铆钉、四合扣或鸡眼扣，除了有装饰效果外，还有加强固定的作用。

索引

以下列出书中出现的各种缝纫用语及常见技巧，当不了解其做法或意义时，请依标示页数速查。

一至三画

四画

五画

六至七画

八画

九至十画

十一至十二画

十三至十四画

十五至十六画

BONNE
LAINE
FIL DE LA

M

图书在版编目（CIP）数据

我的缝纫机笔记/叶慈慧著.—郑州：河南科学技术出版社，2010.11（2011.6重印）
ISBN 978-7-5349-4723-0

Ⅰ.①我… Ⅱ.①叶… Ⅲ.①缝纫机-使用-基本知识 Ⅳ.①TS941.56

中国版本图书馆CIP数据核字（2010）第198223号

出版发行：河南科学技术出版社
地址：郑州市经五路66号　邮编：450002
电话：（0371）65737028　65788613
网址：www.hnstp.cn
责任编辑：李　洁
责任校对：李淑华
封面设计：张　伟
责任印制：张　巍
印　　刷：北京盛通印刷股份有限公司
经　　销：全国新华书店
幅面尺寸：190 mm×260 mm　印张：7　字数：200千字
版　　次：2010年11月第1版　2011年6月第2次印刷
定　　价：39.80元（赠DVD光盘）

如发现印、装质量问题，影响阅读，请与出版社联系。

生活，
当有美食的芳香，
植物的葱郁，
手作的宁静，
以及随手抓拍的温暖记忆……

河南科技图书
让生活更美好

http://www.hnstp.cn
http://www.wanmeishougong.com
http://hnkj.taobao.com